JN008149

ことばの数理千一夜

ことばの仕組みと
パズルと数学と

Kotani Yoshiyuki
小谷善行

日本評論社

ことばの数理千一夜　まえがき

ことばは不思議だ．ことばはどんな仕組みになっているのだろう．この本は，数理的なものの見方で，ことばとはなになのかを分析したものだ．千一夜ということで，面白いことを思いつくままに深く考えてエッセイにした．（この本は，『数学セミナー』2015 年 4 月号～2017 年 3 月号に掲載した連載をもとにしている．）

ことばをふだん毎日使っているはずなのに，ちょっとしたことがわからない．たとえば「が」と「は」をどう使い分けているかと言われても返答にこまる．わからないことも，よく数理や論理で考えてみるとだんだんわかってくる．

中学生になったころから，筆者はことばに興味をもった．英語や国語の授業を聞いても納得がいかないことも多かった．一方で数学は好きであった．理系脳でことばを理解すると，けっこう納得することがある．ことばが乱れているという人は多いが，もともと規則的なものだ．規則からはずれたように見えても，それが新しい規則の始まりであることもある．

この本のなかに書いたことの一端を次に紹介してみよう．

- ことばも計算の順序がある．$3\times(4+5)$ と $3\times4+5$ が違うように，「(父と母)の父」と「父の(母と父)」は違う．
- ことばのなかにも，$(10+3)\times7 = 10\times7+3\times7$ のような分配法則がある．数学ができなくてもだれでも毎日これを使っていて，「父と母の年齢」は「父の年齢と母の年齢」と理解している．
- 「ん」や「っ」は文のなかにどれくらい入れられるだろう(新幹線関連券換金とか)．また入れ方は何通りあるか．
- 数詞がどのようにできてきたかを見てみる．日本語の数詞の間にへんな対応がある．一(ひと)と二(ふた)．三(み)と六(む)．四(よ)と八(や)．
- 漢語の呉音と漢音の対応関係を見てみる．鼻音対濁音，たとえば男(なん・だん)，万(まん・ばん)．
- 「すもももももももものうち」のような文を世界中で見てみる．どう区切るかが形態素解析という処理である．
- 母音の発音はどのように決まるのだろう．アイウエオはお互いに反発していて遠い位置に決まってくる．これを反発する磁石でシミュレートする．

- 赤ん坊は大人のことばを聞いているだけでことばを身に着けるが，コンピュータにそれができるのだろうか．
- 算数の式もことばである．きまりを書いてみる．
- ことばは年月が経つと少しずつ変わる．それを調べると考古学のように昔のことがわかる．ヨーロッパのことばがどのように枝分かれしていったのかを見てみる．
- 「はい」と「yes」は実は違う．
- 文字のつながりの統計を採っておいて，その統計に基づいて文字列を生成すると，ハナモゲラ語ができる．
- 「は」と「が」の違いは，英語の「the」と「a」の違いに対応している．
- ら抜きことばは規則的である．「食べる」:「食べれる」:「食べられる」＝「飲む」:「飲める」:「飲まれる」である．

今日，人工知能(AI)が発展している．対話で質問や問い合わせに答えてくれるシステムも出てきた．自動で翻訳してくれるシステムも実用化されている．テキストマイニングといって，ツイッターなどの発言のあつまりから大事な情報を取り出す技術も進んでいる．そのような人工知能のなかの大事な部分がことばの処理で，そのための基本がことばの構造の理解である．この本ではそのような大事な問題の基礎的な素養にもなっている．

それはともかく「役に立つ」よりも「興味を追求する」ことで，いろいろ書いたものである．いくつかのパズルも入れた．ことばがかかわってくるパズルはとても面白い．パズルを考えながら，また面白そうなところから先に読んでもらえると楽しいと思う．

2021 年 10 月　小谷善行

ことばの数理千一夜　もくじ

第0話　50音はほんとうはいくつ？

ことばの面白さを，数理のメガネを通して見たり，数や数学の話にとんだりしてみていこう．手始めに，わたしたちが使う日本語の材料である「あいうえお」「50音」がいくつあるのか調べてみる．文字でいえば仮名の数だ．発音でいえば音の数だ．仮名や音がどれほどの数があるのか，はっきりと考えずにわたしたちは日本語を使っている．時代とか，外来語を入れるとかがあり，いろいろな考え方でその数は違ってくる．そこを少し深く追及する．

◉――50

まずは，あいうえおの50音からスタートする．おなじみの50音表を見よう(表0.1)．

あかさたなはまやらわ，いきしちにひみ(い)り(い)，…のそれぞれを「段」

表0.1　50音

	a	i	u	e	o
なし	あ	い	う	え	お
k	か	き	く	け	こ
s	さ	し	す	せ	そ
t	た	ち	つ	て	と
n	な	に	ぬ	ね	の
h	は	ひ	ふ	へ	ほ
m	ま	み	む	め	も
y	や		ゆ		よ
r	ら	り	る	れ	ろ
w	わ	(ゐ)		(ゑ)	を

という．あいうえお，かきくけこ，さしすせそ，…のそれぞれを「行」という．それで，10 行と 5 段で，10×5 ＝ 50 という数が出る．

これを集合で考える．行の異なりは子音(子音なしも含む)で，子音の集合は，{なし, k, s, t, n, h, m, y, r, w} だ．段の異なりは母音で，母音の集合は {a, i, u, e, o} だ．

集合同士の計算で，要素をつないで新しい集合を作ってみる．「・」という計算だ(詳細はまたあとの話で)．そうすると，50 音のローマ字が全部出てくる．

{なし, k, s, t, n, h, m, y, r, w}・{a, i, u, e, o}

＝ {a, i, u, e, o, ka, ki, ku, ke, ko, sa, si, su, se, so, …, wa, wi, wu, we, wo}

10 個と 5 個の組み合わせで 50 個になる．

出来上がったものは訓令式のローマ字のリストになる．「し」「ち」「つ」などが si, ti, tu になっている．一般的に使われるローマ字はヘボン式と言い，それらは shi, chi, tsu と書かれる．

◉── 44, 45, 47, 48

50 音の表のようにや行とわ行に抜けがある．その枠は yi, ye, wi, wu, we のところである．この 5 か所を除くと 45 音になる．wo のところの「を」は，今日では「お」と音が同じになっていて，助詞として使うだけなので，それも除くと 44 音になる．

仮名を列挙するのに「あいうえお」を使う前は，「いろは」を使っていた：

いろはにほへとちりぬるをわかよたれそ

つねならむうゐのおくやまけふこえて

あさきゆめみしゑひもせすん

ここには，「ゐ」と「ゑ」がはいっているので 47 文字になり，最後に「ん」を付けることが多いので 48 文字になる．

「ゐ」と「ゑ」は歴史的仮名遣いの仮名であるが，近代になったころにはもう発音上は「い」と「え」になってしまっていた．歴史的仮名遣いが確定したころには ye はもうなかった．yi と wu については，日本語が文字で書かれ始めたときにもう存在しなかったようだ．

y は i に，w は u に近い音なので yi や wu は存在しにくいと言えるが，可能性としてはあっても不思議ではない．

あるイギリス人との雑談の中で，ear（イア，耳）と year（イア，年）の発音の話になった．われわれ日本人からみると同じに聞こえる単語である．しかし彼によると，year の先頭には y があるので違う発音だという．そして不定冠詞を付けると，それぞれ an ear であり a year であると．つまり定冠詞の the を付けると，耳はジ ear だが，年はザ year になるわけである．

こうしてみると，日本語のあ行のイ i と，や行のイ yi が異なっている可能性もありえた．日本語では発音を古代から区別していないというだけである．

◉── 75, 70, 68

濁音には，が行，ざ行，だ行，ば行の４行があり，半濁音のぱ行がある．これを入れると，行が 15 にふえるので，15×5 で 75 音になる．

集合で書くと，

$$\{\text{なし}, k, s, t, n, h, m, y, r, w, g, z, d, b, p\}\cdot\{a, i, u, e, o\}$$
$$= \{a, i, u, e, o, ka, ki, ku, ke, ko, sa, si, su, se, so, \cdots,$$
$$wa, wi, wu, we, wo, ga, gi, gu, ge, go, \cdots, pa, pi, pu, pe, po\}$$

であり，75 個のローマ字になる．やはり抜けているところが４か所と「を」がある．これで 70 に減る．さらに音でいえば，「ぢ」が「じ」に，「づ」が「ず」に合体していることを付け加えて 68 に減る．

子供のころ，濁音は濁った音で，もとの音と同じ口の形であるといわれた．しかし「は」を同じ形の口で濁らせても「あ」か「が」のような音になって，「ば」にはならないので不審に思った．これは深い日本語の歴史につながっていて，当時は知る由もなかった．半濁音，つまりぱ行というへんなものもあった．

実はこっちが本家で，「ぱぴぷぺぽ」が音変化して「はひふへほ」になった．「っ」のあとなどではこの変化が起きず，「ぱぴぷぺぽ」も残存していたので，それを表すものが必要になった．そこで半濁音と称して小さい「゜」を使ってそれを表したわけである（本書の第５話「母はパパだった」という話などでまたこのことを書く）．

◉——83, 86

コンピュータのなかでは文字をどう表すのだろうか．これを決めるのは簡単ではない．コンピュータの黎明期に苦心して文字コードを決めていったのである．その設計は大変な仕事である．

たとえば，「が」という字を「か」と「゛」に分けてコード化することもありえなくはなかった(昔，パソコンが登場したころは1バイトで片仮名が表されていて，濁音は別途付けるのだった)．

JIS コードにおいて，平仮名は次のような83字で構成されている．

- 「を」，「ん」，「ゐ」，「ゑ」を含む清音48字
- 濁音20字
- 半濁音5字
- 拗音のための小さい仮名「ゃゅょぁぃぅぇぉゎ」
- 促音「っ」

片仮名はそれに加えて，

- 「ヵ」「ヶ」「ヴ」
  (3ヵ月，自由ヶ丘，ヴィーナスなど)

があり，計86字になっている．仮名ではないが仮名とともによく使われる記号に音引き「ー」がある．

◉——103, 125

ここまでは，文字を中心に勘定してきた．ここから発音を表記することを入れたものを見てみる．ひとまとまりで発音する単位を音節(シラブル)というが，日本語では拍(モーラ)ということばを使う．「きゃ」のように2文字で1拍になることもある．小さい「っ」など，長さとしてカウントされるものもあるのである．

それは，俳句，短歌，川柳などで1文字として勘定する単位に一致する．そ

の拍はいったい何種類あるのだろうか．

まず，外来語や方言や口語を除いたもので考える．段が「あいうえお」5段だったものに拗音(「ゃゅょ」の付くもの)の3段を加えれば，ベースになる15×8の長方形になる．そこには，実際には使わない枠がある．また「お」と「を」，「じ」と「ぢ」，「じゃ」と「ぢゃ」，「じゅ」と「ぢゅ」，「じょ」と「ぢょ」，「ず」と「づ」は同じ音なので，一つの枠にいっしょに入る．外来語・方言を除いた拍は結局，表0.2(次ページ)の平仮名で書いた103音になる．この数には撥音「ん」，促音「っ」，音引き「ー」を含んでいる．

外来語などでは，新しい音が出てくる．「ティ」とか「ファ」とかである．それらは表0.2の中で片仮名で書いた．新しい音はもとの50音表に入れると，ほかの音と衝突してしまう．たとえば「ティ」をた行(tの行)に入れると「ち」とぶつかる．そこで，た行からちゃ行(chの行)を分離して表0.2を作った．増やしたのはsh, ch, ts, fの4行であるので，表は19×8の長方形になった．

新しい音は22音あり，全部合わせて103+22＝125音になる．それらは親しみがある音からそうでない音までいろいろなので，実例となる単語を示しておく．

シェア，シェーバー
ジェット，オブジェ
ティー，パーティ
テューバ，テューター
ディスク，ディープ
デューティ，デュアル
チェーン，チェリー
シュバイツァー，ツァラトゥストラ
ツィゴイネルワイゼン，ベッツィー
ツェッペリン，ツェナーダイオード
ツォルキン(マヤ暦)，ごっつぉう(ご馳走の方言)
ファイル，ソファー
フィルター，フィルム
フェリー，カフェオレ
フォーム，フォード
フューチャー，フュージョン

表 0.2　日本語の拍の表

	a	i	u	e	o	ya	yu	yo
なし	あ	い	う	え	お を			
k	か	き	く	け	こ	きゃ	きゅ	きょ
g	が	ぎ	ぐ	げ	ご	きゃ	ぎゅ	ぎょ
s	さ		す	せ	そ			
z	ざ		ず づ	ぜ	ぞ			
sh	しゃ	し	しゅ	シェ	しょ			
j	じゃ ぢゃ	じ ぢ	じゅ ぢゅ	ジェ	じょ ぢょ			
t	た	ティ	トゥ	て	と		テュ	
d	だ	ディ	ドゥ	で	ど		デュ	
ch	ちゃ	ち	ちゅ	チェ	ちょ			
ts	ツァ	ツィ	つ	ツェ	ツォ			
n	な	に	ぬ	ね	の	にゃ	にゅ	にょ
h	は	ひ		へ	ほ	ひゃ	ひゅ	ひょ
b	ば	び	ぶ	べ	ぼ	びゃ	びゅ	びょ
f	ファ	フィ	ふ	フェ	フォ		フュ	
p	ぱ	ぴ	ぷ	ぺ	ぽ	ぴゃ	ぴゅ	ぴょ
m	ま	み	む	め	も	みゃ	みゅ	みょ
y	や		ゆ	イェ	よ			
r	ら	り	る	れ	ろ	りゃ	りゅ	りょ
w	わ	ウィ		ウェ	ウォ			

ん	っ	ー

イェール(大学)，イェーツ(詩人)
ウィンター，マラウィ(国名)
ウェット，ウェザー
ウォーキング，ウォン(韓国の貨幣)

新しい音が使われていると判定するのは，かなり微妙なところがある．「フョ」(フョードル，ロシアの人名)があるかもしれない．「スィ」にはスィートということばがあるが，スイートと発音されるので除くべきだろう．「ヴァヴィヴヴェヴォ」については，vの音が日本語に取り入れられることがなかったので，ヴィーナスなどがよく使われるが表には入らない．その音が本当に発音されているのかを観察しないといけないのだ．

◉── 112, 85

奈良時代の日本語では，仮名を表す漢字(万葉仮名という)について，『古事記』，『日本書紀』，『万葉集』などの文献で母音が8種類区別されることがわかっている．これを上代特殊仮名遣いという．i, u, eがそれぞれ2種類ずつあるのである．

子音はhがなかったので14行，母音が8段ということになり，14×8の表になる．当時「ん」「っ」「ー」はたぶんなかった．そうすると14×8＝112音になる．

しかし，i, u, eが二つある箇所は実際は17組しかなく，それ以外は奈良時代にはもう合体していた．母音が8から5に減る過程だったと考えられる．yiとwuはないので，音は14×5＋17−2＝85音あったことになる．

あいうえおがいくつあるかいろいろ考えてみた．結局わたしたち日本人は日本語の125の拍を並べて声にして話しているのである．日本語を聞くと機関銃のように音を出している，という外国人の感想がある．その弾の一つ一つが拍で，それが125種類ほどあるわけである．

第1話　「父と母の父と母」の意味はなんだろう？

◉——ことばの不思議

ことばというものは不思議なものだ．だれかが意図して設計したものではない．それなのに複雑で数理的な構造を持っている．10万年から20万年前あたりに，人類の祖先はことばを発達させた．たぶんそれでほかの原人より高い能力を持つことになり，今のホモサピエンスが確立した．ことばがちゃんと話せないネアンデルタール人やデニソワ人のようなほかの人類は滅びてしまった．

数学嫌いであろうと，子供であろうと，だれでも「父と母の年齢」というと「父の年齢と母の年齢」と同じ意味だとわかっている．当たり前のこととして気にもかけないかもしれない．実はこれは

(父と母)の年齢 ＝ (父の年齢)と(母の年齢)

というように分配法則そのものなのだ．

$$(a+b)\times c = ac+bc$$

という式を理解できない人でも，「父と母の年齢は？」と聞かれたら数を二つ言うに違いない．世の中には数学嫌いが多い．しかしことばというものはとても複雑で数学的構造を持っているのに，数学嫌いの人も含めてみんなそれを使いこなしている．

◉——「父と母の父と母」の「の」と「と」

ことばが長く連なってくると解釈する方法が複数になる．ここでは「父と母の父と母」という語句のなかで，「と」と「の」のかかわり合いでそれが起きることを見てみよう．

「と」は並立助詞と呼ばれるものである．二つの名詞句をならべてまとめて名詞句にする．並立助詞には，似た機能のものとしては「や」，「および」など

があり，それ以外には「か」とか「とか」とかがある．英語でいえば，「and」や「or」の類である．英語ではこういう語は，red and black とか buy and sell のように，名詞以外の品詞に使用できるところが日本語とは異なる．

「の」は連体助詞というものである．「A の B」というと，B が中心で，それに「A の」が修飾する．英語の of とほぼ同じ意味であるが，語順は「B of A」で逆である．中国語では「A 的 B」になる．

四則の掛け算と足し算では掛け算の方を先に結合する．つまり先に計算する．ところが，この「と」と「の」について，どちらを先に結合するかは決まっていない．どちらを先にするかの手がかりはある程度ある（後述）が，それがないとするとつながりの可能性はたくさんになってしまうのだ．

◉── ことばのつながりを決める文法

本当の日本語文法はとても複雑だが，「父と母の父と母」のようなパターンだけを扱うならその一部分の，簡単な文法を考えればいい．

ものごとを表すことばを名詞とか体言とかという．名詞と同様な語句を名詞句（noun phrase, NP）という．名詞句になれるのは，「父」とか「母」とかの名詞がそうだし，二つの名詞句の間に「の」か「と」を入れてつないだものもそうである．情報工学では，このことを次のように書く．

〈名詞句〉::=〈名詞句〉と〈名詞句〉|〈名詞句〉の〈名詞句〉|父|母

これは BNF（バッカス・ナウア記法）といって文法を形式的に書く方法である．::= を「とは」と読み，| を「とか」と読めばいい．言語学ではこの文法の形式表現を文脈自由文法（context-free grammar）という．

◉── かかり方が五つある

この文法で「父と母の父と母」が名詞句になるメカニズムがカバーできる．どう組み合わせていけば名詞句になるのだろう．

最初の「父と母」が「〈名詞句〉と〈名詞句〉」という形なので，それを〈名詞句〉にし，それに「の父」をつないで〈名詞句〉にし，さらに「と母」つないで〈名詞句〉にすれば出来上がる．このことは構文木と呼ばれる木の形で表現できる（次ページ図 1.1）．

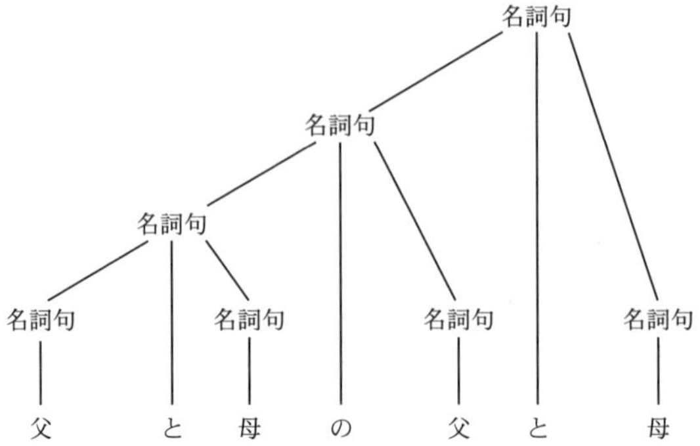

図 1.1　構文木

図 1.2　葉が 4 個の場合の二分木のパターン

組み合わせ方はこれ以外にもあり，枝分かれだけに省略した木の形で書くと，4 つに枝分かれするには，全部で次の 5 種がある(図 1.2).

木を作ると，語句が正しくつながっているのがわかるし，同時につながり方も決まる．5 通りのつながり方を括弧で書けば

(((父と母)の父)と母)

((父と(母の父))と母)

((父と母)の(父と母))

(父と((母の父)と母))

(父と(母の(父と母)))

という具合になる．なお，このように一つの語句に対して複数の木が存在するとき，その語句は「曖昧である」という．

◉—— 二分木とカタラン数

ちなみに，二つずつに枝分かれしていく形を二分木という．英語では binary tree だ．二進木という人がいるが，適切でない．二進数のことを英語で binary number というので，それに引きずられたのだろう．binary ということばは「二つの」,「2 の」という広い意味があるので，「二進」にも「二分」にもなる．

木の末端のことを葉という．葉の数が n のときの二分木の数 $b(n)$ はどうなるだろうか．図 1, 2 を参考に数えてみると，

$$b(1)=1, \quad b(2)=1, \quad b(3)=2,$$
$$b(4)=5, \quad b(5)=14, \quad \cdots$$

となる．実はこれはカタラン数(Catalan number)というものである(カタラン数 $c(n)$ は葉が $n+1$ に対する値 $b(n+1)$)．上の場合は父や母が葉であるので $n=4$ になり，木の形の総数は $b(4)=c(3)=5$ 通りある．

二分木の構成から考えると，二分木は左側の部分二分木と右側の部分二分木を合わせたものである．葉が n 個の二分木は，両二分木の葉の数が k 個，$n-k$ 個あることから，

$$c(1)=1,$$
$$c(n)=\sum_{k=1}^{n-1} c(k)c(n-k) \qquad (n>1)$$

という $c(\ )$ の定義が得られる．

二分木の左方向に生えた枝だけに着目し，【 】でくるむ．つまり，前述のかかり方のパターンのところでは，開き丸かっこ「(」を「【」で置き換え，「と」や「の」を「】」で置き換える．それからほかの文字を消すと，次のものが残る．

【 【 【 】 】 】
【 【 】 【 】 】
【 【 】 】 【 】
【 】 【 【 】 】
【 】 【 】 【 】

これは正しく閉じている 3 組のかっこでできている全パターンだ．つまり一般的にカタラン数 $c(n)$ は，n 組の正しく閉じているかっこのパターンの総数でもある．

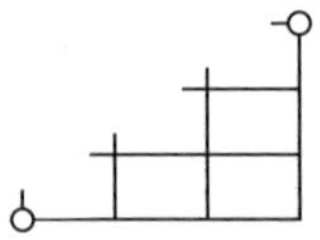

図 1.3　縦横 3 ブロックの街路の斜めの半分

縦 3，横 3 のブロックでできている街路で，左下角から右上角に至る経路のうち，遠回りせず右下の直角三角形の範囲だけを通る経路の総数を考える(図 1.3)．

【を右に 1 ブロック，】を上に 1 ブロック進む意味にとれば，上の 5 パターンはそれぞれこの問題の経路になる．つまり一般的に，カタラン数 $c(n)$ は，縦横 n ブロックの正方形街路の，左下角から右上角に至る経路のうち，遠回りせず，右下半分の直角三角形の範囲だけを通る経路の総数である．

縦横 n ブロックの正方形街路の，遠回りしない左下角から右上角への経路の総数は組合せ ${}_{2n}\mathrm{C}_n$ ($2n$ 個のものから n 個を取り出す場合の数)である．経路が右下半分からはみ出た場合，そこから先の経路を右斜め線を軸に対称な位置に反転させる．この道は，始点から見て左に $n-1$，上に $n+1$ 行った点が終点の対応点である．経路はすべて尽くされていることより，経路が右下半分からはみ出る場合の経路の総数は ${}_{2n}\mathrm{C}_{n-1}$ である(紙に書いてみてください)．よって

$$c(n) = {}_{2n}\mathrm{C}_n - {}_{2n}\mathrm{C}_{n-1}$$

と書ける．

●――「の」と「と」の意味

さて表題の語句の意味を考えよう．意味の捉え方としては，内包的意味と外延的意味とがある．ここでは外延的意味を使ってみる．外延的意味とは，表現にあてはまる個々の要素を列挙した集合であると思えばよい．

ここでその要素は，「父」とか「母の母」とかの，本人に対する親や祖父母などの，個人に対する「の」でつながった表現としよう．BNF で出てくるパターンごとに，意味を定めてみよう．

まず，「と」の意味は合併集合で表せる．

α と β の意味＝α の意味 ∪ β の意味

「の」の意味は，さしあたっては詳細に立ち入らずに，文字列の集合で考えて，「の」の両側の表現の要素の組合せで表す．

α の β の意味＝$\{a$ の $b \mid a \in \alpha,\ b \in \beta\}$

ここで a と b はただの文字列だ．あとは

父 の意味＝{父}

母 の意味＝{母}

である．

以上から組み合わせた表現の意味も導き出せる：

父と母 の意味＝{父，母}

父の母 の意味＝{父の母}

そして，

(父と母)の父 の意味＝{父の父，母の父}

になる．これは「(父の父)と(母の父)」の意味と同じだ．

◉――「父と母の父と母」の意味

結局，五つのかかる可能性に対して意味がわかる．

(((父と母)の父)と母) の意味

＝{父の父，母の父，母}

((父と(母の父))と母) の意味

＝{父，母の父，母}

((父と母)の(父と母)) の意味

＝{父の父，父の母，母の父，母の母}

(父と((母の父)と母)) の意味

＝{父，母の父，母}

(父と(母の(父と母))) の意味

＝{父，母の父，母の母}

そして「の」で結合したあとに「と」で結合した形で，意味が同じという同値性を持つ，カノニカルとでもいうべき表現にすると，それぞれ

父の父と父の母と母

父と母の父と母

父の父と父の母と母の父と母の母

父と母の父と母

父と母の父と母の母

になる(二番目と四番目は同じである).

◉—— 分配法則・結合法則・交換法則

読者はなんとなく理解されたと思うが,「と」と「の」の組合せは,加算と乗算と似た関係がある.分配法則が成り立つのだ.意味の同値性による同値関係を $\equiv$ で書くと,

$$(\alpha \text{ と } \beta) \text{ の } \gamma \equiv (\alpha \text{ の } \gamma) \text{ と } (\beta \text{ の } \gamma)$$

$$\gamma \text{ の } (\alpha \text{ と } \beta) \equiv (\gamma \text{ の } \alpha) \text{ と } (\gamma \text{ の } \beta)$$

となる.結合法則は「の」も「と」も両方成り立つ.

$$(\alpha \text{ と } \beta) \text{ と } \gamma \equiv \alpha \text{ と } (\beta \text{ と } \gamma)$$

$$(\alpha \text{ の } \beta) \text{ の } \gamma \equiv \alpha \text{ の } (\beta \text{ の } \gamma)$$

交換法則は「と」だけに成り立つ.具体事物の列挙集合が意味であるとすると,「と」は集合の合併集合の演算子であるので,当然のことである.

$$\alpha \text{ と } \beta \equiv \beta \text{ と } \alpha$$

二乗の展開公式

$$(a+b)^2 = a^2+2ab+b^2$$

が成り立つためには交換法則 $ab = ba$ が成り立たないといけない.行列では交換法則は成り立たず,

$$(A+B)^2 = A^2+AB+BA+B^2$$

になる.この場合も同じ話で,

$$(\alpha \text{ と } \beta) \text{ の } (\alpha \text{ と } \beta) \equiv (\alpha \text{ の } \alpha) \text{ と } (\alpha \text{ の } \beta) \text{ と } (\beta \text{ の } \alpha) \text{ と } (\beta \text{ の } \beta)$$

となる.

◉—— 選好について

以上に見てきたように,用法を限定すると,わたしたちのことばにも数学的構造がある.一方,現実の日本語にはさらにそれを補足するシステムがある.

上で述べた五つのパターンのうち,いちばんしっくり感じるのは三番目だろ

う．そこには選好(preference)というメカニズムが働いている．「と」については，その左側と右側のものが似ている，あるいはバランスが取れているということが好まれるという選好がある．具体的には，単語数や文字数の差が小さいということや，意味上の類似や対応があるということである．たとえば，「太郎の父と母」という場合「太郎の父」対「母」はとてもバランスが悪いが，「父」対「母」はバランスがいい．だから「太郎の(父と母)」になる．逆に，「太郎の父と花子の母」なら，「太郎の父」対「花子」や，「父」対「花子の母」はバランスが悪く，「太郎の父」対「花子の母」はよいので「(太郎の父)と(花子の母)」というつながりになる．

◉—— 一般の「と」と「の」

上で述べた用法の限定を外すといろいろ成り立たなくなるということを補足しておく．現実の日本語には別の複雑なメカニズムも内包している．

「と」と「の」の分配法則が成り立たなくなることもある．たとえば，

(太郎と次郎)のけんか ≠ (太郎のけんか)と(次郎のけんか)

である．けんかという出来事は１つである．

これは，太郎の次郎とのけんか，次郎の太郎とのけんか，と言い換えられる(どちらが主体かということを別として)．つまりけんかするという動作は行為者と，相手という格(case)を要求するのである．このような例はほかには「3と４の和」，「日本とアメリカの違い」，「フランスとドイツの国境」などの二者が相手同士になる場合がそうである．しかしこれも選好の一種である．相手格がすでに占有されていると分配法則が成り立つ．たとえば，

(フランスとドイツ)のスイスとの国境

＝(フランスのスイスとの国境)と(ドイツのスイスとの国境)．

「の」については，連体助詞という範囲の中でも違う用法の場合は交換法則が成り立たない．たとえば，

社長の(太郎の父) ≠ (社長の太郎)の父

で，どちらも同じ人(太郎の父)を表すが，社長であるのは左は父で，右は太郎である．ここまでで出てきた，関数合成的な「の」と異なり，左側の「の」は同格を表す用法なのだ．

ことばは乱れているとよく言われるが，そのなかには簡単には乱れないしっ

かりした数理がある．第2話では「黒い目のかわいい女の子」など，複数の意味を生じるメカニズムを楽しんでみる．

第2話　「黒い目のかわいい女の子」はどんな子？

構文木が複数でき，語のかかり方が異なるために曖昧になる簡単な例を第1話で述べた．ここで別の有名な例を紹介する．「黒い目のかわいい女の子」という語句だ．言語処理の講義で形式文法を教えるのにこの語句を使ってきた．多くの構文木ができるので，とても面白い．

◉—— 文法と構文木

本当の日本語文法はこれの何百倍も大きいが，これを分析可能にする部分だけを取り出した文法(BNF)はこう書ける．

〈名詞句〉::=〈連体句〉〈名詞句〉|〈名詞〉

〈連体句〉::=〈名詞句〉の〈形容詞〉|〈形容詞〉|〈名詞句〉の

〈名詞〉::= 目|女|子

〈形容詞〉::= 黒い|かわいい

これを使って「黒い目のかわいい女の子」を名詞句として分析したらとどうなるだろう．このなかには自立語が，黒い，目，かわいい，女，子の5個がある．また枝分かれは二分であり，同じもの同士の枝分かれは1種類しかない．そこで第1話と同じように二分木の数ほどのたくさんの分析がありそうだとまず考える．葉，つまり末端が5枚の二分木の数は14である．

ただよく考えると「黒い」と「目のかわいい」の二つが合体して枝になることはない．これらは連体句であり，かかる先は名詞句でないといけないからである．

順に導き出していくと，結局，構文木が表2.1(次ページ)の12通りあることがわかる(念のためコンピュータで生成したものである)．このように構文木が複数あることを，形式文法では「曖昧である」(ambiguous)という．数理用語であって一般の意味とは違う．

表 2.1　12 種類の構文と意味

	かかり方	黒いもの	かわいいもの	だれの目か
1	[黒い，[[目，の，かわいい]，[女，の，子]]]	子	目	子
2	[黒い，[目，の，[かわいい，[女，の，子]]]]	子	子	子
3	[黒い，[目，の，[[かわいい，女]，の，子]]]	子	女	子
4	[黒い，[[[目，の，かわいい]，女]，の，子]]	子	目	女
5	[黒い，[[目，の，[かわいい，女]]，の，子]]	子	女	女
6	[[[黒い，目]，の，かわいい]，[女，の，子]]	目	目	子
7	[[黒い，目]，の，[かわいい，[女，の，子]]]	目	子	子
8	[[黒い，目]，の，[[かわいい，女]，の，子]]	目	女	子
9	[[黒い，[[目，の，かわいい]，女]]，の，子]	女	目	女
10	[[黒い，[目，の，[かわいい，女]]]，の，子]	女	女	女
11	[[[[黒い，目]，の，かわいい]，女]，の，子]	目	目	女
12	[[[黒い，目]，の，[かわいい，女]]，の，子]	目	女	女

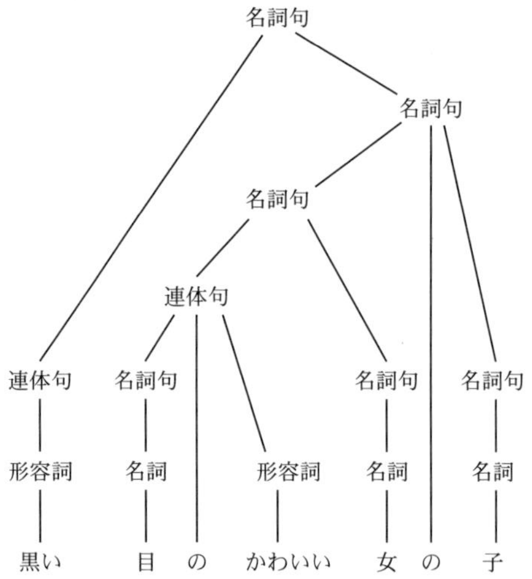

図 2.1　構文木

表の右側に，意味を端的に表すものとして，その構文の場合，何が黒いか，何がかわいいか，目がだれのものか，という3点を示している．

「何が黒いか」は「黒い」がかかる名詞句の最後の名詞が黒い．「何がかわいいか」は，「目の」が「かわいい」とともに連体句になっていたら目で，それ以外はかかる名詞句の最後の名詞がかわいい．目がだれのものかは，「目の」または「目のかわいい」がかかる名詞句の最後の名詞の人物だ．

構文木を一つだけ示しておく(図2.1)．これは4番目の構文であり，子が黒く，目がかわいく，目は女のものだ．

◉──構文木を作ってかかり方を調べる

こういった構文木を作り出す過程を，構文解析(syntactic analysis あるいは parsing)という．この可能性を全部網羅するのはなかなか大変であるが，探索(search)アルゴリズムの考え方で機械的に調べると全部を尽くせる．これは，はめ込みパズルを解くのと同じことなのである．文法規則の一つ一つがパズルのピースである．それぞれのピースは使ってもよいし使わなくてもよい．また同じピースは無限個あり，何度使ってもよい．そういうパズルである．ゴムのようにいくらでも伸びるピースをイメージするといい．

与えられるのは開始記号と一つの単語列(語句)とである(図2.2)．これがパズルの枠に相当する．

BNFにおける開始記号は記述の最初の行の先頭の記号である．冒頭の問題では，開始記号は〈名詞句〉で，語句は「黒い目の…」であり，その間をBNFのパーツで過不足なく埋め尽くすのだ．構文木の数とはこのパズルの答えの数である．

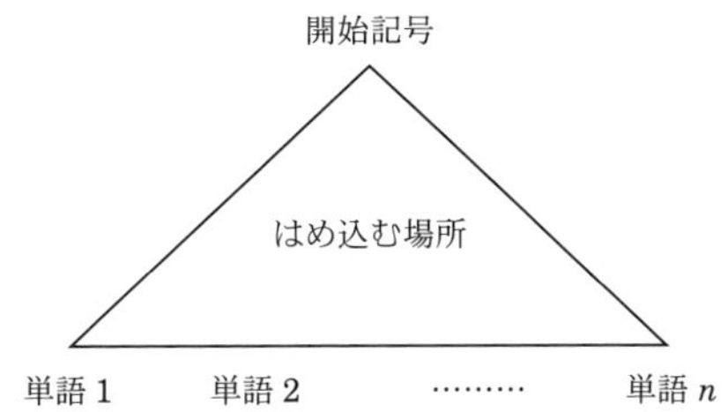

図2.2　はめ込みパズルとしての構文解析

ここで必要なことは，第一に木に過不足がないことである．根からたどって枝が途中で切れていないこと，また葉(単語)からたどって枝が孤立していないことである．第二に枝が交叉していないことである．だからここでは女が黒くて，子供の目がかわいいということはない．

◉—— エピソードなど

この語句を講義や演習で何回も使ってきた．すべての構文木を書いてそれぞれの意味を説明せよというレポート課題を出す．学生からみると量が多くなるので大変である．しかしその過程でなんども構文規則を確認し構文木を手で描いているうちに，形式文法の理解が進むわけだ．あるとき女子学生が全部イラスト入りでレポートを提出してきた(取っておけばよかった，そうしたらここで紹介できたのに)．

この語句は有名であるがその出典を忘れてしまっていた．先日，パズルの会で仲間が教えてくれて，ロゲルギスト著，『物理の散歩道』(岩波書店)全５巻の，第４巻にこの話があるらしい．そこでは８通りの意味が解説されているようである．

◉—— 格助詞の「の」

「黒い目の…」で面白いのは，「の」の一つが格助詞になりうることである．格助詞とは日本語では「が」，「を」，「に」，「で」などで，名詞句に付いて，述語(動詞句)にかかる連用句を構成する．そして文の中での述語に対する役割，つまり「格」を指し示す．

第１話のように「A の B」というときの「の」は連体助詞であるが「目のかわいい」というまとまりの中では，「の」は格助詞になる．ただしこのような表現が後の名詞を連体修飾する条件がある．たとえば，「目のかわいい女」，「鼻の短い象」，「車の通る道」などである．

この「の」は，「が」で置き換えられることでわかるように主語を表す格(主格)の格助詞である．今日の日本語ではほぼ，「の」が連体助詞，「が」が主格の格助詞というように棲み分けているが，古文では両者はかなり似ていて両方の使われ方をした．「我が国」，「自由が丘」の「が」は連体助詞としての用法の名残である．

日本語を歴史的にみると，主格を表すのに格助詞が不要だったと思われる．「女御更衣あまたさぶらいける…」「諸行無常の響きあり」のように「が」がなくてよい．これは今日では「パパごはん食べる？」「数学好きですよ」のように，口語に残っている．

そして主格をより明確に表すために，連体助詞の「が」や「の」を流用して主格を示すようになったといわれている．この二つのうち「が」のほうは完全に主格の格助詞に移行してしまった．「の」のほうは主格の格助詞として使われるのは少しだけにとどまる一方，連体助詞の役割をすべて占有するようになった．

◉──「目の女」という表現

この表現はそれだけでは意味をなさないように感じる．しかし特定の状況を想定すれば意味を持つのだ．『ゲゲゲの鬼太郎』のお父さんは，「目玉のおやじ」である．だから同じような目玉だけの女がいたらそれは「目の女」だ．また，たくさんの人たちが集まって全体で顔の形になる曲芸をするとする．図2.3（次ページ）は人でてきた顔の彫像（筆者のコレクションより）だが，それを実際の人間で作るようなことだ．そのとき目の役目をする女がいたとすると，その女のことを「目の女」と言える．右側の顔では黒髪で黒目を表現している女がそれである．歌川国芳の「人がかたまって人になる」という浮世絵もある．

表の構文のなかで，2, 3, 5, 10番が，このように目が単独でその後の女または子にかかる．これらでは，目は黒いともかわいいとも表現していない．

図2.3　人でできた顔

◉――「女の子」の意味

「女の子」という部分が先に結びついた場合，構文の曖昧性とは違う複数の意味が生じる．表の構文では，1, 2, 6, 7 の 4 通りがそれである．

こまかく分析するともっと多いかとおもうが，概略的には次の三つの意味がある．第一に「婦人の(産んだ)子供」という意味である．上記以外の 8 通りの構文はこの意味だけになる．第二に「性別が女性である子供」という意味がある．第三には，「女の子」全体で一つの名詞のようになり，「幼女，少女」という意味になる．

この三つの「女の子」の意味が違っていても，表 2.1 のかかり方は違わない．表中の，黒いもの，かわいいもの，目の所有者についての意味も変わらない．

この三つの意味のうち，第一のものは登場人物が二人であり，女と子とがいる．第二と第三は一人である．三つのうち，一番よく現れる意味は第三のものだろう．「が」を付けて「おんなのこが」と発音してみると，第一と第二ではアクセントの高低が，「低高高低低高」または「低高高高低高」となるのに対し，第三の場合は名詞が一つなので「低高高低低低」になる（アクセントの数理はまた後で）.

結局「黒い目の…」の意味は，4×2 増えて計 20 通りになる.

◉—— 形式文法

言語学では BNF と同等な文法の形式表現のことを文脈自由文法（context-free grammar 略して cfg）という．BNF の次の規則を考える．ほかの形の規則はこれらの形を組み合わせたものなので，これだけれ考えれば十分だ.

$$\langle X\rangle ::= \langle Y\rangle\langle Z\rangle$$

$$\langle X\rangle ::= \langle Y\rangle | \langle Z\rangle$$

$$\langle X\rangle ::= w$$

これを cfg で書くと

$$X \to YZ$$

$X \to Y$　および　$X \to Z$

$$X \to w$$

となる．| で二つの可能性を示しているところを二つの規則に分ける．X や Y のような途中の名前を非終端記号といい，w のような最終的に出てくる文字を終端記号という.

文脈自由文法では書き換え（rewriting）という考え方を使い，開始記号から最終の記号列まで書き換えられるかを試す．一度の書き換えは ⇒ で書く．規則に $X \to Y$ というものがあれば，AXB は書き換えることができ，$AXB \Rightarrow AYB$ となる．たとえば

名詞句 ⇒ 連体句・名詞句 ⇒ 形容詞・名詞句
　　　⇒ 黒い・名詞句 ⇒ 黒い・連体句・名詞句
　　　⇒ …
　　　⇒ 黒い・目・の・かわいい・女・の・子

のように書き換える．これが成功すれば，開始記号から見て目的記号列は正しいものであることがわかる．このとき，その記号列を文（sentence）という．その場合，構文木も存在する．書き換えの過程は，自由度が大きすぎるので，その情報は構文木で表せば十分である.

数学的に考えるとき，文の集合としてものを考えるととてもすっきりしてい

て気持ちがいい．X, Y, Z をそれぞれ $\langle X\rangle, \langle Y\rangle, \langle Z\rangle$ から出発して正しい文になる記号列の集合とすると，三つの BNF の規則はそれぞれ

$$X = Y \cdot Z$$

$$X = Y \cup Z$$

$$X = \{w\}$$

と書ける．最初の・は連接(concatenation)というもので，それぞれの要素をつないだものの集合

$$Y \cdot Z \equiv \{yz \mid y \in Y, z \in Z\}$$

である．たとえば

{食べ，飲み}・{ます，ません}
　＝{食べます，食べません，飲みます，飲みません}

である．構文木でいえば一つの連接は二分の枝別れ一つに対応している．

ここで述べたのは日本語の語句だったが英語の語句でも面白いものがある．よく学生に試すのが「John sees a girl with the telescope in the garden」という文で，望遠鏡はどこにあるのだろうか．また庭園にいるのはジョンか少女か．数通りあるので考えてみてほしい．また，このような面白い曖昧な文があったら知らせてほしい．

第3話　引き算も割り算も使わずに一次方程式が解けるか
——「っ」と「ん」の話

勝ちぬき戦の勝敗のパターンを考えてみる．たとえば○○○●のように，何回か勝ち続けて(○印)，最後に1回だけ負けて終わる(●印)．このようなパターンはとても多い．酔っ払いの行動もそうだ．飲む(○)ことを何軒かはしごして最後に家に帰る(●)．第2話で述べた，「黒い(○)，かわいい(○)，女(●)」のように，連体修飾句(○)が名詞(●)に掛かる形も同じだ．仮名のつながりのなかでは小さい「っ」がどう出てくるかもそうで，「っ」が付きうるもの(○)が続き，最後に「っ」でない仮名(●)がある．こうしたものを文法(またBNF)で表現するとどうなるかを数理的に考える．

◉——勝ちぬき戦のBNF

毎日1回ずつ戦う勝ちぬき戦のパターンを表現しよう．一度負けるとそれで終わりである．勝つと明日も対戦でき，また同じ状況になる．そうすると勝敗を表すパターンはBNFで，

$$\langle X\rangle ::= \text{●} \mid \text{○}\langle X\rangle$$

と書ける．単独の●は一つのパターンであるし，○の後に当該パターンをつないだものもパターンであるわけだ．これを集合で表現すると

$$X = \{\text{●}\} \cup \{\text{○}\}\cdot X \qquad (3.1)$$

になる．なお，$\cup$ より・が先に結合する．この X という集合は，当たり前だが，

$$\{\text{●}, \text{○●}, \text{○○●}, \text{○○○●}, \cdots\}$$

である．なぜ(3.1)からこのような答えが出てくるのかを次節以降で見てみる．なお，これは無限集合であるが，全整数の集合に ∞ を含めないのと同様，この記号列は無限記号列を含まず，要素はそれぞれ有限の長さの記号列である．

◉—— 連接とそのべき乗ふたたび

第2話で連接について述べたが，復習すると，集合の連接は，個々の要素をつないだものの集合で，

$$X\cdot Y=\{xy \mid x\in X,\ \ y\in Y\}$$

である．この演算は結合法則が成り立つ(交換法則は成り立たない)．

$$(X\cdot Y)\cdot Z=X\cdot(Y\cdot Z)$$

そうすると同じ集合を n 個連接したものは，つながり方によらず，一つのものしかない．そこで X を n 個連接したものを X^n と書くことにする．

$$X^1=X,\qquad X^2=X\cdot X,\qquad X^3=X\cdot X\cdot X,\qquad \cdots$$

となる．X^n は X の要素を n 個つないだものの集合である．同じものを n 個つなぐのではなく，n 回それぞれ取り出したものをつなぐ．たとえば $\{$い, か$\}^3$ は

{いいい, いいか, いかい, いかか, かいい, かいか, かかい, かかか}

になる．ここまで来て，なにやら連接が掛け算のようなものである気がしてきたであろう．そうすると，掛けても変わらない，1のようなものが必要だ．それを「単位元」という．そしてどんなものでも0乗するとこの単位元にならないといけない．

「空列」という記号列が単位元の材料になる．これは多くのプログラミング言語のなかで「""」と書くものである．空列は0文字でできている．なお，空列とスペース「"　"」とは異なる．スペースは1文字でできている．空列を λ と書こう(ε を使う流儀もある)．単位元はこの空列だけを要素とする集合 $\{\lambda\}$ である．そうすると，どんな集合 X に対しても，

$$\{\lambda\}\cdot X=X\cdot\{\lambda\}=X$$

また

$$X^0=\{\lambda\}$$

である．ちなみに掛けたらゼロになってしまうようなものを零元というが，集合の連接の零元は空集合 $\phi=\{\ \}$ である．

◉—— 記号列集合の一次方程式

第1話で，合併集合の計算 $\cup$ と連接・の間で分配法則が成り立つことを述べ

た．それぞれ足し算と掛け算と思えば，(3.1)は一次方程式だ．そのように考えると，この解はいったいどうなるか．まず(3.1)から X は●を含む，つまり

$$X \supset \{●\}$$

である．この右辺を，(3.1)の右辺の X に代入すると，

$$X \supset \{●\} \cup \{○\} \cdot \{●\} = (\{\lambda\} \cup \{○\}) \cdot \{●\}$$

である．さらにこの右辺を(3.1)の右辺の X に代入すると，

$$X \supset \{●\} \cup \{○\} \cdot ((\{\lambda\} \cup \{○\}) \cdot \{●\})$$
$$= (\{\lambda\} \cup \{○\} \cup \{○\}^2) \cdot \{●\}$$

こうして出てくるものをさらに(3.1)の右辺に代入し続けると，

$$X \supset (\{\lambda\} \cup \{○\} \cup \{○\}^2 \cup \{○\}^3 \cup \cdots) \cdot \{●\}$$
$$= \{●, ○●, ○○●, ○○○●, \cdots\}$$

となる．この右辺の要素以外のものが X に含まれないことも示せて，上式の $\supset$ のところには $=$ が成り立つ．

◉―― 閉包と一次方程式

次のように定めた単項演算子 $*$ を閉包(closure)という．

$$X^* = \bigcup_{n=0}^{\infty} X^n$$

これを使うと上の答えは

$$X = \{○\}^* \cdot \{●\}$$

と書ける．一般に A^* は，A の要素を 0 個以上任意個並べたものの集合として理解できる．たとえば {い, か}* は

{λ, い, か, いい, いか, かい, かか, いいい, …}

になる．

上に書いたことを一般的に言うと

$$X = A \cup B \cdot X$$

という記号列集合の一次方程式から

$$X = B^* \cdot A$$

という解が得られるということになる．ちなみに左右反転させた式も同様になる．つまり $X = A \cup X \cdot B$ という方程式から $X = A \cdot B^*$ という解が得られる

普通の一次方程式のように解けばよいではないか，と思うかもしれない．な

ぜこのようにへんなことをするのか．それは「∪」や「・」には足し算や掛け算の逆演算である引き算，割り算が定まらないからである．そのせいで，右辺と左辺で項の移項ができないのである．

◉── 普通の数でやってみると

実数の演算には引き算，割り算があり，上のような不都合はない．理解を深めるため，普通の数に対して上と同じようにしたらどうなるか試してみよう．

$$X = a+bX$$

という実数の一次方程式があったとする $(|b| < 1)$．

$$X \fallingdotseq a$$

$$X \fallingdotseq a+ba = (1+b)a$$

$$X \fallingdotseq a+b(1+b)a = (1+b+b^2)a$$

$$\vdots$$

というように考えて

$$X = (1+b+b^2+b^3+\cdots)a = s(b)a$$

となる．閉包(*)のところに対応する $s(b)$ は，初項が 1，項比が b の等比級数の値(実際はもちろん $1/(1-b)$)である．割り算を使わないといっても等比級数の値は使うのでちょっとずるいかもしれないが．

勝ちぬき戦で，勝率が 0.8 である人の対戦回数の期待値(つまり平均対戦回数)はどうなるか．こうした問題ではもとの(3.1)にぴったり対応する形で式が作れる．最初に負ける場合は確率 0.2 で起こり，その回数は 1 である．勝つ場合は確率 0.8 で起こり，1 に当該期待値を足した回数が平均的に起きる．つまり

$$E = 0.2 \cdot 1+0.8(1+E)$$

である．ちょうど上の話の式になっていて答えは

$$E = s(0.8) \times 1 = 5$$

になる．

◉── 連立一次方程式

記号列集合の連立一次方程式というのも考えられる．

$$X = A \cup B \cdot X \cup C \cdot Y$$
$$Y = D \cup E \cdot X \cup F \cdot Y$$

ここで $A, \cdots, F$ は定数で，X と Y が変数である．

子供のころ，連立方程式の解法として，消去算の方法と，代入算の方法をならった．記号列集合の場合，引き算ができないので消去算は使えず，代入算で解くしかない．

まず，X を定数とみて Y を解く．二番目の式から，

$$Y = F^* \cdot (D \cup E \cdot X)$$

を得る．これを最初の式に代入して整理すると，

$$X = (A \cup C \cdot F^* \cdot D) \cup (B \cup C \cdot F^* \cdot E) \cdot X$$

という X だけの方程式になり，これを解くと

$$X = (B \cup C \cdot F^* \cdot E)^* \cdot (A \cup C \cdot F^* \cdot D)$$

となる．

この問題の具体的イメージを，勤務先から家に帰る行為列の集合で示そう．方程式の意味は次の通りだ．

勤務先から家に帰る行為の列 (X) は，勤務先から家にすぐ帰る (A) か，勤務先で仕事して (B) から X をするか，勤務先から出張先に行って (C) から Y をするかである．出張先から家に帰る行為の列 (Y) は，出張先からすぐ帰る (D) か，出張先から勤務先にもどって (E) から X をするか，出張先で仕事して (F) から Y をするかである．A から F までの行為の集合を図で書くと図3.1のようになる．

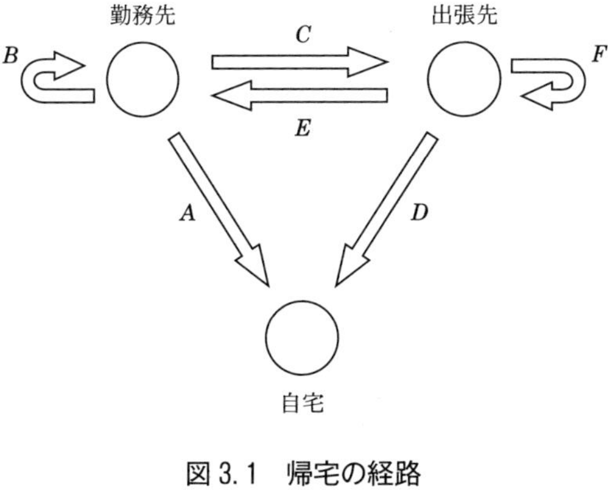

図3.1　帰宅の経路

このXの解は，「Bや「CをしてFを何回かしてEをする」」を何回かしたあと，Aや「CをしてFを何回かしてDをする」をする，ということを意味している．なお，「何回か」というのは0回も含んでいる．

◉—— ことばの並びでのパターン

自然言語のなかでも一次方程式の形になる現象はとても多い．日本語は修飾句が常に先(左)に来るという性質がある．第2話の連体修飾の形もそれである．

〈名詞句〉::=〈名詞〉|〈連体句〉〈名詞句〉

名詞は，「目」，「女」，「子」のようなことばだ．連体句は，「黒い」，「かわいい」などの形容詞や動詞の用言や，「女の」のような連体助詞によるもの，たとえば「その」，「5人の」，「東京から来た」などである．必ず名詞が最後に来て，連体句の間の順序は原則としては存在しない．

「黒い，かわいい，その，5人の，東京から来た，女の，子」

が語句の例だ．

日本語では連用修飾の形も同様になっている．つまり，

〈動詞句〉::=〈動詞〉|〈連用句〉〈動詞句〉

連用句は，名詞に格助詞が付いたものが典型的で，「太郎が」，「ポチに」，「肉を」などである．また，用言の連用形や副詞などほかにもある．たとえば，

「今日，庭で，太郎が，ポチに，肉を，箸で，
ゆっくり，骨ごと，やる」．

動詞への連用修飾の形を名詞への連体修飾の形に書き換えることを考える．連用句に「の」を付けると連体句になる場合とそうでない場合がある．「が」や「を」がある場合はそれを取り除いて「の」を付ける．

「今日の，庭での，太郎の，ポチへの，肉の，
箸による，ゆっくりとした，骨ごとの，給餌」

◉—— 小さい「っ」の現れ方

語句より下のレベル，仮名または発音のレベルでも同様の繰り返しがある．仮名の列のなかに「っ」がどう出現するだろうか．日本語では「っ」は語句の先頭や最後に来ない．また「っ」同士がつながらない．ほかの仮名を「か」で

代表させると，日本語として正しいのは，短い順に書くと，

か，かか，かかか，かっか，かかかか，かかっか，

かっかか，かかかかか，かかかっか，…

という列である．正しい仮名の並びがあったとすると，その前に「か」や「かっ」を付けたものも正しい並びである．1字で正しいのは「か」しかない．よってBNFは

$$\langle X\rangle ::= \text{か} \mid (\text{か}\mid\text{かっ})\langle X\rangle$$

であり，集合の式は

$$X = \{\text{か}\}\cup\{\text{か}, \text{かっ}\}\cdot X \qquad (3.2)$$

であり，その答えは

$$X = \{\text{か}, \text{かっ}\}^{*}\cdot\{\text{か}\}$$

だ．

●——n文字の列での「っ」が出現する場合の数

仮名10文字の列で，「っ」の入るパターンはいくつあるか．このような問題も面白い．「っ」が一つも入らないものから四つ入るもの(たとえば「かかっかっかっかっか」)まである．

「ぱっとつっ切ってった」

「引っ張ったって言った」

というのが四つ入っている例だが，なかなか作りにくい．日本語ではこの小さい「っ」を促音というが，それが出現する場所は漢語熟語の途中(「発表」，「八本」)とか，活用の音便連用形(「あった」，「勝った」，「買った」)であって，ほかはほとんどないからである．仮名n文字の列での「っ」が出現する場合の数を$f(n)$とする．すると(3.2)に対応させて次の式が出せる．

$$f(n) = (\text{if } n = 1 \text{ then } 1 \text{ else } 0) + f(n-1) + f(n-2)$$

$$(\text{ただし } n > 0.\ \ n \leqq 0 \text{ なら } f(n) = 0)$$

この右辺の和の三つの項は，それぞれ$\{$か$\}$, $\{$か$\}\cdot X$, $\{$かっ$\}\cdot X$の要素がn文字である場合の数である．

◉―フィボナッチ数列

$n=1,2$ のときの値を具体化して上の式を書きなおすと，

$$f(1)=1,\quad f(2)=1,$$
$$f(n)=f(n-1)+f(n-2)\qquad (n\geqq 3)$$

となり，フィボナッチ数列になる（$f(1)=0$ とする流儀と，$f(1)=1$ とする流儀があるようだがここでは後者にしておく）．フィボナッチ数列になるものはとてもいろいろある．$2\times n$ の狭い部屋の畳の敷き方，階段を1段とばしてもいいとして上る方法，生まれてから2年後以降毎年子を産むうさぎの増殖，の場合の数などだ．この問題もその一つの例になった．

実際の列は

$$1,1,2,3,5,8,13,21,34,55,89,\cdots$$

となる．だから，仮名10文字の列で，「っ」の入る場合の数は55通りある．

◉―「ん」のつながり方

仮名10文字の列で，「ん」の入るパターンはいくつあるか．これもほぼ同様だが，「っ」と違い語句の最後が「ん」になりえる．記号列の方程式と，その答えは次のようになる．

$$X=\{\text{か},\text{かん}\}\cup\{\text{か},\text{かん}\}\cdot X$$
$$X=\{\text{か},\text{かん}\}^{*}\cdot\{\text{か},\text{かん}\}$$

仮名 n 文字の列での「ん」が出現する場合の数を $g(n)$ とすると

$$g(n)=(\text{if } n=1 \text{ then } 1 \text{ else } 0)+(\text{if } n=2 \text{ then } 1 \text{ else } 0)$$
$$+g(n-1)+g(n-2)$$

（ただし $n>0$．$n\leqq 0$ なら $g(n)=0$）

そしてこれを普通の形に書くと，

$$g(1)=1,\quad g(2)=2,$$
$$g(n)=g(n-1)+g(n-2)\qquad (n\geqq 3)$$

になる．これはちょうど f を1ずらしたもので，$g(n)=f(n+1)$ だ．

仮名10文字の列で，「ん」の入るパターンを考えよう．今度は一番多い場合，「ん」が5個入る．「かんかんかんかんかん」というパターンである．たとえば，「新幹線参観」，「香港ワンタン麺」，「換金券半券」のようなのが語句の例である．

結局10文字の仮名の列で，「ん」の入る場合の数は89通りである．

第3話では，一番簡単なBNF・記号列集合の方程式とその答えの話をした．いくつも言い切れなかったことがあり，この問題は情報系の考え方にも結びついているのでそれらは第4話以降で述べる．また，「ん」と「っ」の本質に迫ろうと思う．たとえば次のような「ん」と「っ」が隣り合っている文についても論じる．

「本店ってインド人っぽいズボンっきゃないんっす」

最後にパズルを一つ出す．答えは第4話に解説する．

次の数列がある．40044004の次は何だろう．またこの数列の最後の数は何だろう．

3, 4, 1000, 1003, 1004, 3000, 3003, 3004, 4000, 4003,
4004, 30000, 30003, 30004, 31000, 31003, 31004, 33000, 33003, 33004,
34000, 34003, 34004, 40000, 40003, 40004,
41000, ⋯, 40044004, □, ⋯, □.

第3話の内容に関係がある，というのがヒント．

第4話　PANKKIって何

——続「っ」と「ん」の話

「っ」や「ん」は簡単にみえて実は奥が深い．特に「っ」は世界にあまり類をみないものだ．

◉—— 第3話のパズルは「ん」がからむ

第3話のパズルは次のようなものだった．

> 次の数列がある．40044004 の次の数は何か．またこの数列の最後の数は何か．
>
> 3, 4, 1000, 1003, 1004, 3000, 3003, 3004, 4000,
> 4003, 4004, 30000, 30003, 30004, 31000, 31003, 31004, 33000, 33003,
> 33004, 34000, 34003, 34004, 40000, 40003, 40004,
> 41000, ⋯ 40044004, ☐, ⋯, ☐.

これは全部，「ん」が入った漢字でできた整数の列だった．それも，「ん」が一つおきに入っている仮名列だ．とても大きい数になるところが面白いところだ．答えは，

3000000000000000000000000000000000000　（三澗《さんかん》）

と，

4004000000000000000000000000000040044004
（四千四澗四千四万四千四《よんせんよんかんよんせんよんまんよんせんよん》）

である．1澗とは 10^{36} のことである．

日常，こんな巨大な数はめったに出現しないが，そんな例を作ろうと思えば作れる．人類を構成する原子の総数を求める．人間の体重は平均5万(g/人)，人体中の元素の原子量の加重平均は6(g/mol)なので一人分の原子の総量は

$\frac{50000}{6} \fallingdotseq 8000$(mol/人)である．人間70億人，アボガドロ定数6000垓《がい》(個/mol)より，

$$7\times10^{9}(\text{人})\times8\times10^{3}(\text{mol/人})\times6\times10^{23}(\text{個/mol}) \fallingdotseq 3\times10^{37}(\text{個})$$

となる．つまり人類中の原子の総数は数十澗個で，上の二つの数の間に入る．数詞の話題はまた本書の半ばとりあげる．

◉――「っ」と「ん」の共存

「っ」や「ん」が仮名の間にどう入るかの話をした．では両者が同時に入るときにはどうなるか．「っ」と「ん」がつながるかどうかをみる．「っ」のあとに「ん」は来ない．しかし「ん」のあとに「っ」が来ることがある．そうすると両方が入りうる仮名列のBNFは

$\langle X\rangle$ ::= {か，かん}|{か，かん，かっ，かんっ}$\langle X\rangle$

となる．あとの話は第3話と同様だ(たとえば10文字の仮名列にいくつのパターンがあるか求めてほしい)．

「ん」のあとに「っ」が来るのが四つもある文の例を示す(ズボンは最近パンツというけれど)．

「本店ってインド人っぽいズボンっきゃないんっす」

「っ」で始まる自立語の単語はないが，助詞や助動詞と言えるような語で「っ」で始まることばがある．どれも話しことば，方言，スラングの類であり，書きことばではない．「って」は助詞と言える．いくつか用法があって，係助詞や連体助詞になる．女性のほうが使う頻度が高いように思われる．「っぽい」は形容詞型の助動詞と考えてよい．「っきゃ」は「しか」の関東方言だ．「っす」は「です」からきた丁寧を示す助動詞であり，東日本の方言だろう．また男性の体育会系の若者がよく使う俗語でもある．

◉――です・ます体と「っす」の話

敬語を大別すると尊敬・謙譲・丁寧に分かれる．丁寧を表すことばが「です」と「ます」だ．だれもがこれを自由に使っているけれども，よく見てみると複雑な文法的構造になっている．「です」「ます」の丁寧表現に否定(〜ない，〜ん)と過去(または完了)(〜た)を加えたものをリストにしたのが表4.1である．

表 4.1　丁寧・否定・過去の組合せの順序

	なし		＋否定	
なし	見ます	丁	見ません	丁否
	丸いです	丁	丸くありません 丸くないです	丁否 否丁
	卵です	丁	卵でありません 卵でないです	丁否 否丁
＋過去	見ました	丁過	見ませんでした 見なかったです	丁否丁過 否過丁
	丸かったです	過丁	丸くありませんでした 丸くなかったです	丁否丁過 否過丁
	卵でした	丁過	卵でありませんでした 卵でなかったです	丁否丁過 否過丁

動詞，形容詞，名詞の例として，見る，丸い，卵に対して，丁寧，否定，過去を付加している．

一見してわかるように，このシステムはかなり乱雑である．丁寧を過去よりも先に言えばいいのか後に言えばいいのか．また否定よりも先に言えばいいのか後に言えばいいのか．品詞によってさまざまである．さらに，丁寧を二度言わなければならないことさえある．たとえば

見・ませ(丁寧)・ん(否定)・でし(丁寧)・た(過去)

このような混乱はかなりおかしなことである．日本語を学ぶ留学生にこのシステムを理解してもらうのは骨が折れるに違いない．彼らの間違いも多いだろうと思う．

一方，「っす」を使った場合を見てみよう．三つの助動詞の語順を見ると表 4.2(次ページ)のようになる．否定，過去，丁寧の順に並べればよく，整然としている．

「っす」があまりにくだけすぎていると思うなら，「です」で同様に組み合わせるのもよいだろう．ただし「卵でした」でなく「卵だったです」とする．「っす」の活用形は，未然形の「っしょ」と終止形の「っす」しかない．「です」の活用形は，未然形「でしょ」，連用形「でし」，終止形「です」である．すなわち，「でした」に対応する「っした」という形がないために，「卵だったっす」という形になり，組合せの順序が完全に規則的になる．

今日の標準語は，明治期に，江戸弁に加えて，薩長など官軍側のことば，そ

表4.2 「っす」と否定・過去の組合せの順序

	なし		+否定	
なし	見るっす	丁	見ないっす	否丁
	丸いっす	丁	丸くないっす	否丁
	卵っす	丁	卵でないっす	否丁
+過去	見たっす	過丁	見なかったっす	否過丁
	丸かったっす	過丁	丸くなかったっす	否過丁
	卵だったっす	過丁	卵でなかったっす	否過丁

れに関西弁などが混ざり合って確立した．だからすっきりしていない部分が数多くある．この丁寧体の部分もそうであるし，尊敬や謙譲の敬語もそうである．

年上の者は若い者のことば遣いに対して，違和感を持ち，乱れているとか汚いとか言って論評することが多い．そのようなことは古文の文献の中にさえある．しかしよく観察してみるとむしろ逆に，若者の新しいことばのほうが乱れが減り，より体系的になっている場合が少なくないのだ．「っす」もその例である．

ちなみに，韓国語では，「見ませんでした」を「ポジアナッスムニダ(보지 않았습니다)」という．これは，

ポジ(見)・アン(否定)・アッス(過去)・スムニダ(丁寧)

という構成である．実は韓国語は，他の表現も含めて，否定・過去・丁寧の順序が一定であり，またぴったり表4.2に一致している．

ことばとは次第に変わっていくもので，違和感というものは世代が変わるとなくなってしまう．「っす」をたくさん使っていた若者が老人になる未来には，「っす」は普通のことばになっているかもしれない．

◉―― 外来語の「っ」

日本語での「っ」の現れ方に，音便や漢語熟語以外にもう一つ，外来語がある．日本語は開音節といって，音の最後は母音で終わり，子音が来ない．英語などの子音で終わる閉音節のことばを日本語に取り入れるときに，「っ」が現れる．最後の子音にuなどの母音を付けるとともに，その前に「っ」が入る．ただし，その子音の前の母音が長母音や二重母音だと「っ」が入らない．また，子音が重なっていると入らないことが多い(ベスト，タスクなど．一方で，ボッ

クスのように入ることもある)．

「っ」を入れるのはおもにk, t, pなどの破裂音で，book, hit, topがブック，ヒット，トップになる．破裂音でも濁音になると，「っ」が入る場合と入らない場合がある．ドッグ，ヘッド，バッグ(bag)は入るがブログ，バグ(bug)，ジョブは入らない．破擦音には入ることが多い(キャッチ，ジャッジ)．摩擦音でも入ることがある(キッス(キスもあり)，フィッシュ)．

◉——世界の「っ」

日本人から見て，「っ」であるように聞こえる世界のことばを見てみよう．ことばの先頭，途中，最後に分けて述べる．日本語の「っ」はことばの途中だ．先頭がつまったように発音し，また聞こえるものとして韓国語の濃音というものがある(ことばの途中でも言える)．たとえば「ッコッ(꽃, kkot)」(花)，「ッサル(쌀, ssal)」(米《こめ》)などである．息を出さずに強く発音する．

ことばの途中でつまるように感じる子音があるのは，多くの言語でその直前の母音が短い場合である．日本語と同じように，前後の音が同一でも子音をつまるように発音したりしなかったりする場合があり，両者が違う単語になるのはフィンランド語だ．フィンランド語の発音は日本人にとって聞きやすくて話しやすい(母音が多いことを除く)．「外」，「そっと」，「卒倒」，「粗糖」，「ソート」，「そおっと」，「相当」をフィンランド人はかんたんに言い分けられる．英語を母国語とする人は，「っ」に加えて，「オ」と「オオ」を同じ音色でいうのも苦手なので，この言い分け方にはだいぶトレーニングが要るだろう．フィンランドのブランドにアアリッカ(雑貨)，イイッタラ(ガラス)，マリメッコ(服など)があるが，「ッ」をちゃんというとフィンランド語っぽい発音になる．

フィンランドの首都はヘルシンキで，美しい街だ．その通りを散歩していたら，ビルにPANKKIと書いてあった．パン屋かと思って近づいてみると，銀行であった．これは英語のbankを取り入れた外来語だったのだ．この語形はとても面白い．最初のbがpになっているわけは，フィンランド語に濁音がないためである．語尾のkが重なるのは上で述べた日本語の現象と同じようにつまるのである．ただ日本語の場合その直前が短い母音でないといけないが，フィンランド語ではnでもよいようだ．そして日本語と同じように，フィンランド語も開音節性が強いので，語尾のkにiを補う．日本語でもkに対してu

でなくてiを補う語もいくつかある．ケーキ，インキ，ストライキなどだ．このように日本語とかなり似たことが起きているのが興味深い．

語末の「っ」について述べる．英語の語末の破裂音(k, t, pなど)は，つぎに来るものにより変異する．はっきり破裂させる場合もあれば，途中まで発音し，破裂しないで終わり，次の語に続くこともある．後者を内破音といい，日本人には「っ」としか聞こえない．

東アジアから東南アジアにかけては，この内破音の語尾が多い．アイヌ語，韓国語，中国語方言(上海語，台湾語，客家語，広東語など)，ベトナム語，インドネシア語，タイ語などである．たとえば，韓国語では前述の「ッコッt(꽃, kkot)」(花)，また「イッp(입, ip)」(口)，「ヤッk(약, yak)」(薬)などである．インドネシア語では「スラマッtパギ(selamat pagi)」(おはよう)，「ティダッk(tidak)」(いいえ)など，タイ語の男性用のこんにちはは，「サワッtディークラッp(sawasdii krap)」である．

ここで大事なのはこの末尾の「っ」には種類があるということである．だいたいはk, t, pの3種類で，あと1種類ほど言語により加わることがある．これを言い分けていて，かつ聞き分けている．

中国語では本来，この語尾があり，促音といった．声調としては入声という．これが日本に入って，語尾がキ，ク，チ，ツ，フになった(フは日本語の音の変化で消えたが歴史的仮名遣いには残っている)．式《シキ》，六《ロク》，一《イチ》，発《ハツ》，十《ジフ》などである．この末尾の破裂音は今日の中国語(北京語)では消えてなくなっている．しかし南方の方言には残っている．

面白いことに南方方言と北京語との中間にある，上海語などの呉語方言では，促音が縮退して1種類になっている．上海語の1から10は，

いっ，りゃん・に，せー，しー，んー，
ろっ，ちっ，ぱっ，ちゅ，ぜっ

のようにいう．日本に一番近距離にある中国語方言が，日本語と同様に「っ」が1種類の区別しかないというのは興味深いことである．

◉── 音節と拍

「っ」に似たものを説明してきたが，日本語にはほかの国にはないと思われる「っ」の性質がある．それは一定の長さを持つと感じるということで，「ん」に

も共通することである．音節（シラブル，syllable）というものがある．これは母音とのそのまわりのいくつかの子音で構成され，音の塊の1単位と感じられるものである．英語で言えばbookは1音節で，mathematicsは4音節だ．音節をカウントしつつ詩を作る．また音楽では1音節をなるべく1音符に割り当てる．文法のなかでも音節数が出てくる．たとえば形容詞の比較級の形を決めるには音節数が手掛かりになり，1音節のものと，2音節でもyで終わるものとがerを付け，そのほかは前にmoreを置く．

日本語で音節というのはどういうことになるのだろうか．bookを日本語に持ってくると「ブック」である．これは2音節なのか3音節なのか．母音を勘定すると2音節である．「ッ」には母音が含まれないからである．しかしこれではわれわれ日本人が持つ語感から離れてしまう．ブもッもクも同じ長さの塊と感じる．そこで音節ということばを使うのをやめて拍（モーラ，mora）ということばを使う．とても簡単な話で，普通の仮名1文字が1拍である．そして「っ」も「ん」も1拍であり，長音は2拍，拗音（きゃ，しゅなど）は1拍である．別の言い方をすれば，拍とは，俳句・短歌・川柳・都《ど》々《ど》逸《いつ》などで一文字であると考える単位である．それぞれ，五七五，五七五七七，五七五，七七七五と数える．松尾芭蕉の句に，

梅が香に　のっと日の出る　山路かな

というのがあるが，ちゃんと「っ」をカウントしている（ついでにこの句は第2話の「が」と「の」の連体助詞・格助詞逆転の例でもある）．

英語でのことばの単位は音節で，拍の感覚はない．英語圏でも，俳句Haikuというのはよく知られていて，たくさん作られている．しかし英語で数える単位は音節である．子音で促音になって一定の長さを持つという感覚が皆無だ．結果として日本語の俳句とはだいぶ異質のものになってしまう．

◉—— 音素

最後に音素（phoneme）の話をしよう．「ん」でも「っ」でもわれわれ日本人は一つずつしかないと感じている．簡単に言うと，そのように感じる一つずつのものを音素という．

ところがそれらについて客観的に見て毎回同じ発音をしているかといえばそうではない．ローマ字を習い始めたとき「っ」のところは子音を重ねて表した．

実際の発音はそのように「っ」の後の子音に依存して口の形が異なる．また音も少し違う（音については聞き分けないので同じに感じてしまう）．前述のように末尾の「っ」を k, t, p に聞き分けて使い分ける言語では三つの音素があるということになる．

「ん」についても話は同様で，ヘボン式ローマ字では，そのあとに来る文字がマ行バ行パ行なら m になる．実際の「ん」の発音は実は数種類以上あるのであるが，音素としては一つである．

最後にまた読者へのパズルを一つだす．

次の自然数は，共通してある性質を持つ．それはどんな性質だろう．また，この性質を持つ一番小さい自然数は何か．

152923, 202758, 1052927, 1254209, 1535027,
2195508, 5002826, 21050835, 50006592,
201029120, 501060542, 1205080902,
1540050054, 20000050011105

このほかにこういう数はもっとある．ランダムに少しの例を提示した．本文に関係ありがまたヒント．みなさんは答を見ずに考えて．

第5話

十本はじゅっぽん？ じっぽん？

——漢語数詞と日本語の読み

第 4 話の最後に出したパズルは数の読みの問題であった．漢字が日本にもたらされたことで今日使われている日本語の数の読み方の形が出来上がった．第 5 話はこうした漢語数詞と日本語の発音などについて話す．

◉—— 第4話のパズルは五七五

> 次の自然数は，共通してある性質を持つ．それはどんな性質だろう．また，この性質を持つ一番小さい自然数は何か．
>
> 152923, 202758, 1052927, 1254209, 1535027, …

この性質とは，その数を読んだときの拍が俳句のように五七五になっているということなのだ．152923 は，じゅうごまん・にせんきゅうひゃく・にじゅうさん，と読める．

実は最後に書いておいたヒントにも五七五を仕組んであった．「このほかに・こういう数は・もっとある．ランダムに・少しの例を・提示した．本文に・関係ありが・またヒント．」といった具合だ．

五七五になる最小の整数は，

122321 （じゅうにまん・にせんさんびゃく・にじゅういち）

である．これが普通の数表記での答えである．ただし 1000 を「せん」と読むのが普通だが，決算書を読んだりするような数値を特に意識しているときには「いっせん」と読むことがある．その場合を認めるなら

121221 （じゅうにまん・いっせんにひゃく・にじゅういち）

も答えになる．ここでは数を今日の普通の口語で読む読み方に従っている（あとで詳しく述べる）．

ちなみに最小の正の小数は，

0.20002002 （れいてんに・れいれいれいに・れいれいに）

である．この話をパズル仲間にしたら，小数点をコンマと読んで，

0.0002002 （れいこんま・れいれいれいに・れいれいに）

はどう，と言われた．これもまた面白い．

五七五になる最大の整数はたぶん，

51501×10^{63} （五千百五十不可思議千那由他，

ごせんひゃく・ごじゅうふかしぎ・せんなゆた）

である．

◉── 日本語の数の読み方

こうした日本語の数の読み方は，日本語の語彙の成り立ちと同様に，主要な三つの起源がある．第一は和語つまり訓読みで，もとからあることばである．第二は最初の漢語輸入の波である呉音，第三は二番目の漢語の波である漢音である．これらの音を表5.1と表5.2に，基数と位数に分けて示す．

なおこれ以外に和語では二十《はたち》，三十《みそ》など表のことばの組合せ以外を使う．このなかで数詞としてもっぱら使うものに○，特定の形で使うものに△を付けてある．ひとつ，ふたつ，…など，和語による数詞表現もあるが，この話はあと

表 5.1　基数の読み

	一	二	三	四	五
和語	ひと	ふた	み	よ(ん)○	いつ
呉音	いち○	に○	さん○	し△	ご○
漢音	いつ	じ	さん	し	ご
	六	七	八	九	
和語	む	なな○	や	ここの	
呉音	ろく○	しち△	はち○	く△	
漢音	りく	しつ	はつ	きゅう○	

表 5.2　位数の読み

	十	百	千	万
和語	とお	もも	ち	よろず
呉音	じゅう○	ひゃく○	せん○	まん○
漢音	しゅう	ひゃく	せん	ばん

まわしにして一般的に使われる漢語の数詞をここでは考える．たとえば，番号が974番だとか，天気予報で気圧が974ヘクトパスカルだ，とか，コンビニでお釣りが974円だとかはみな「きゅうひゃくななじゅうよん」という読み方である．四は「よん」，七は「なな」，九は「きゅう」と読む．四，七，九を除いて，基本は呉音が使われているのがよくわかる．

少し古い言葉や方言，慣用句では，それぞれ「し」，「しち」，「く」と読むことはある．四十七士《しじゅうしちし》，九十九里浜《くじゅうくりはま》などがそうであるし，日付も，十七日《じゅうしちにち》，十九《じゅうく》日《にち》だ．

なぜ四，七，九で呉音を避けるかという大きい理由は聞き違いを防ぐことにあるだろう．また「死」や「苦」と同じ発音を忌んで使わないということもあろう．このように九には漢音を使うが，ほかの数の漢音は，数表現にはほとんど使われず，一般の語のなかで出現する．たとえば統一《とういつ》，万歳《ばんざい》などだ．東京駒込には六義園《りくぎえん》という庭園がある．

◉—— 数の構成法

数の漢字とことばは二つの種類，「基数」と「位数」に分かれる．基数は，一，二，…，九で，ものを数える基本的なことばだ．数の桁を指定するのが位数で，十，百，千，万，…である．基数の後に位数を付けた組は密接であり，分けて読まない．一般の二文字熟語と同様に，促音になったり（六百《ろっぴゃく》），連濁したり（三百《さんびゃく》）する．五七五のパズルでも，基数と位数の組は切れず，位数の直後は切ることが可能である．

位数は二種類に分かれる．十，百，千は1桁ごとの指定をする位数である．万以上の位数は，4桁ごとに決まっていて，下のようなものだ．

万《まん》，億《おく》，兆《ちょう》，京《けい》，垓《がい》，秭《じょ》，穣《じょう》，溝《こう》，澗《かん》，正《せい》，
載《さい》，極《ごく》，恒河沙《ごうがしゃ》，阿僧祇《あそうぎ》，那由他《なゆた》，不可思議《ふかしぎ》，無量大数《むりょうたいすう》

万 (10^4) から無量大数 (10^{68}) まで，10^4 倍ごとに位数が命名されている．このように四桁分は千，百，十で表し，四桁ごとにこれらのことばを並べながら数を表現する．無量大数は，無量と大数という二つの位数に分けるという考えもあるようだが，ここではより一般的な一つの位数とする考えを用いている．

結局，9が72個並んだ数（9999無量大数9999不可思議…9999万9999）がこのシステムで表せる最大の整数になる．

この方式は，『塵劫記』という書に書かれていてそこから始まる．これは17世紀に吉田光由《みつよし》が書いた算術の集大成の書である．『塵劫記』は，江戸時代に長く読まれスタンダードとなったために，日本における整数のシステムもほぼこれで固まったようだ．

◉—— 3桁区切りと4桁区切り

今日，われわれが日常使っている金額の表現は3桁区切りである．たとえば，123,456,789のようにコンマを入れる．これは欧米の数表現に基づくものである．thousand, millionというように3桁ずつことばがあることでわかるであろう．科学技術で使う，キロ，メガ，ギガ，テラの系列も同様だ．3桁区切りは日本語になじまないが，ずっと使われていて，もう慣れてしまってはいる．しかし，日本語としてはとてもへんである．123百万456千というような表現まで出てくる．

もちろん本来的にわれわれに都合がいいのは4桁区切りだ．3桁区切りを「千進法」といい，4桁区切りを「万進法」ということもある．4桁区切りでは万以上の位数のところをコンマに置き換えればよい．123456789なら，1億2345万6789だし，1,2345,6789だ．こちらの方がずっと気持ちが良い．しかし，グローバルなものに合わせることを考えれば，残念ながら4桁区切りになることはもうないだろう．

◉—— へんな漢字の提案

日本語の数の構成法は，上に書いたように，有限の整数しか表せない．昔，筆者はこれを解決する新しい漢字スタイルの数表現を考えたことがある．それほどまじめな話ではないので，ただちょっと面白いと思ってもらえれば幸いである．

「万」という字は「一」の下に「人」があるようにも見える．そこで万を人偏に一と書いた字にする．「億」は中国の簡体字で，人偏に乙である．これは人偏に二ととらえる．「兆」の字の右端は三のようにも見えるので人偏に三という字にする(次ページ図5.1)．

一般に，10^{4N} を「亻N」と書くわけである．人偏の旁に「十七」と縦に書けば

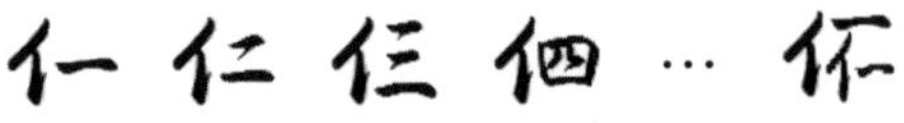

図 5.1　万，億，兆，京，…，10^{40000}

無量大数になる．人偏の旁に「二十五」と縦に書けばグーゴル(googol)，つまり 10^{100} になる．旁のこの表現を再帰的に入れることもできて，人偏の旁に，「一」と万の字表現を縦に並べたものを書くと，10^{40000} になる(図 5.1)．

◉── 甲冑がないので合戦はご法度

数に「本」，「角」，「軒」など，清音で始まる序数詞が付くと，「六」や「八」は「ろっ」「はっ」のように促音が出てくる．それだけでなく「十」も促音になる．これは促音の話のところでも述べたが，歴史的仮名遣いでは十は「じふ」であり，当時の発音で「ふ」のところは pu または fu であったからである．

キ，ク，チ，ツで終わらず促音にならなさそうなのにもかかわらず促音になる漢字は，歴史的な仮名遣いが「ふ」で終わるのである．そのような漢字と促音の熟語としては，十以外に次のようなものが思いつく．

合体《がったい》，合戦《かっせん》，法度《はっと》，甲冑《かっちゅう》，納豆《なっとう》

これらは p で終わる促音の漢字で，それを反映したものである．後で述べるように p は次第に消えるのだが，p や f が消えた後で作られたことばは(類推を除けば)促音にならない．たとえば，合格，法廷，甲虫，納入のようなことばである．

面白いのは「立《りつ》」という漢字である．

建立《こんりゅう》

と読むのは，規則を逸脱している．「つ」で終わる漢字が「う」で伸びることはあり得ないはずである．よく見てみると，「立」が付く漢字に，「粒」，「笠」があり，ほかの小頻度の漢字も多くは「りゅう」と読む．立という字を含み「りつ」と読む漢字は，立以外はない．結論づけられるのは「立」の読みは本来「りゅう」であり，歴史的仮名遣いでいえば「りふ」で，「りつ」は誤用だったということだ．誤用もみんなが使い始めると，慣用になり，最後には正用になる．広東語，台湾語，韓国語などでの「立」も末尾は p だ．

そう言えば「雑《ざつ》」という漢字も同様である．雑炊《ぞうすい》，雑言《ぞうごん》のようにぞうと読むことが多いので，本来「ざふ」であったはずだ．

◉── 十本は「じっぽん」か「じゅっぽん」か

みなさんは十本，十個，十件などをどう発音するだろうか，「十本」を例にとると，筆者自身は「じゅっぽん」と言っている．周囲でもほとんどの人は「じゅっぽん」である．しかし「じっぽん」と言う人もいなくはない．アナウンサーは「じっぽん」と言っている気がする（言い方の基準があるのだろう）．方言もこのことにかかわってきそうである．

熟語などの漢字の並びで，促音になってもその直前の母音は変化しない．そして「じふ」という形であるので，「じっぽん」が正しいということになる．ところが「じゅう」という読みに変化したために，直前の音は「じゅ」であるという意識を持つことになり，「じゅっぽん」という形ができたに違いない．これも慣用であるが，多数派になった．納豆や法度が「のっとう」や「ほっと」でないのはｐが消える以前からあることばからかもしれない．

◉── 呉音と漢音

日本語には「訓」に加えて「音」に「呉音」と「漢音」があり，日本人はそれらを一つの漢字に付けて，平気で使っている．中国語や漢語を取り入れた言語では，たいてい漢字一つに音は一つである．

二つの音について大変だと思う代わりに，観察してみると，いろいろなことがわかる．詳細な議論は別の機会にするとして，ここでは簡単に原則を述べよう．

呉音の時代から漢音の時代になる間に，濁音が清音になる大きな発音の変化が起きた（清音化は北で起きたので，呉音がより南から来たという地域差も関係する）．これは今日の中国語にも引き継がれている．中国語に濁音がない印象を受けるのはそのためだ．漢字：呉音・呉音の語句・漢音・漢音の語句，という順に例を示す．

下：げ・上下・か・下図

大：だい・大学・たい・大陸

定：じょう・定数・てい・定数（二つ読み方がある例）

図：ず・図画・と・図書館

地：じ・地面・ち・大地

豆：ず・大豆・とう・納豆

自：じ・自分・し・自然

漢音の出所である長安では鼻音は濁音に近く発音するくせがあったらしい．これは現在の北京語には伝わっていないが，台湾語(閩南語)にはあるようだ．呉音の鼻音が漢音の濁音に対応する例は次の通りだ．

男：なん・男女・だん・男女

女：にょ・男女・じょ・男女(両方あり)

米：まい・新米・べい・米国

文：もん・呪文・ぶん・文化

木：もく・木材・ぼく・木刀

以上は一端にすぎないが，位数も十(じゅう・しゅう)と万(まん・ばん)になることがわかるだろう．

◉—— ごはんはパンだった？

ことばの発音は年月が経つうちに変化する．日本語の音韻変化で劇的だったのはハ行の音である．もともとh音であったわけではない．「八」はpatiだったし，「飯《はん》」はpanだった．

ハ行の発音は古代にはpだったと考えられている．一言で言うと，中世にはf音になり，近代にはh音になった．つまり，語頭では

$$p \longrightarrow f \longrightarrow h$$

というように変わった．なお日本語のfの音は，英語などのfの音と違って，両方の唇を合わせて発音する．発音記号で書くと，[ϕ]になる．英語などの普通のfは下唇と歯で発音する．「ハヒフヘホ」のうち「フ」はfのところでとどまり，「ハヒヘホ」はhまで進んだ．

語中ではさらに，

p ⟶ f ⟶ w ⟶ なし

というように変わった．このうち「ハ」はwまで，「ヒフヘホ」は「なし」まで進んだ．なお，最後の「w→なし」はw音すべてについて起きたことであり，ワ行はワ一つになってしまった(「を」は表記だけである)．

まとめていうと「ハヒフヘホ」は語中で「ワイウエオ」になった．たとえばイロハ歌の先頭イロハニホヘトは，「色は匂えど」なので，今日の発音で読めば

　イロワニオエド

である．「匂ふ」「言ふ」「買ふ」はハ行四段活用の動詞であったが，現代ではワア行五段活用だ．助詞の「は」「へ」も語中の扱いで「わ」「え」の発音になった．

　この一方，連濁のbおよび，促音のppはそのまま変化せず残った．結局，一《いっ》本《ぽん》，二本《にほん》，三本《さんぼん》というように日本語学習者からみれば面倒なことになった．

◉——母はパパだった？

　母《ハハ》ということばは面白い．古代にさかのぼるとその発音はパパだったわけだ．上の規則に従うと，二番目のハは語中なので，母は現代には「ハワ」になるはずで，「ハハ」ならおかしい気がする．

　しかしこの場合，「音の繰り返しである」，という意識が働いて，「ハハ」という形になったのである．頬ということばについてはこの意識が働いた結果の「ホホ」と，それが働かなかった「ホオ」という両方の形がある．

　漢語の数詞と，日本語の発音について少し述べた．ことばの変化と伝搬の歴史は興味深いものだ．数詞はそのなかで一つのキーポイントである．和語の数詞，英語などのインド・ヨーロッパ語族の数詞の話も今後してみたいと思う．

　かつて作ったパズルの問題をまた読者へ謹呈する．

問題 1　自然数の日本語名称をアイウエオの辞書順にならべると，先頭に来るのは 1《いち》である．では二番目に来る数は何か．三番目に来る数は何か．またこの辞書の最後に来る数は何か．

問題 2　次の仮名の列の先頭には何が入るだろう．

□ふみよいむなよことじじじじじじじじじはにににににににににささ

第6話　数詞の不思議

——one, two, three の奥にあるもの

第5話のパズルの問題の解説に続いて数詞のことを話そう．英語などヨーロッパのことばなどを見ていくと，人間が数をどう生み出したかが想像できる．普通の数詞(基数詞)に加えて順序数詞(序数詞)についても述べる．

◉——辞書順で先頭になる数・最後になる数

第5話に出した最初のパズルは次のようなものだった．自然数の日本語名称をアイウエオの辞書順にならべると，先頭に来るのは1である．では二番目，三番目に来る数は何か．また辞書の最後に来る数は何か．

アイウエオの辞書順で，基数のうち先頭にくるのが「1《いち》」である．位数では「阿僧祇《あそうぎ》」(10^{56})で，その次は「億《おく》」である．だから自然数を辞書順にならべると，先頭が一，二番目が一阿僧祇《いちあそうぎ》で，三番目が一阿僧祇一，四番目が一阿僧祇一億になる．

アイウエオの辞書順で最後にくる自然数を考えるにあたっては，「六《ろく》」や「百《ひゃく》」がどんな場合に促音になるかがかかわってくる．数詞のつながりで，促音になる条件は微妙であるが，数詞に助数詞を付けたときと同じだ．一般的にはその場合，k でおわる六や百は，カ行およびハ行の助数詞が続くときに促音化する．たとえば，六回《ろっかい》，六本《ろっぽん》，だが，六冊《ろくさつ》，六点《ろくてん》である．

位数のうちカ行とハ行なのは，百《ひゃく》，京《けい》，溝《こう》，澗《かん》，不可思議《ふかしぎ》である．たださすがに不可思議は長く，「ろっぷかしぎ」とはならないので除かれる．そしてそのなかで辞書順で最後になる百と溝を先頭に使う．基数では六を使う．結局，その辞書順で最後に来る自然数は，

　六百溝六百京六百六万六百六十六
　(ろっぴゃっこうろっぴゃっけい
　ろっぴゃくろくまんろっぴゃくろくじゅうろく)

という 6×10^{58} あまりの数になる．

昔，某新聞に，「100万以下で，辞書順で最後に来る整数は何？」というパズルを出したこともある．答えは666になる．これは『オーメン』というホラー映画にも出てきた数で，キリスト教では獣の数字といわれて嫌われる数が現れたのだった．日本の硬貨を1枚ずつ集めると全部で666円になるというおまけもある．

◉—— 英語の辞書順

似た発想をする人がいて，英語でも数の辞書順のパズルを考えていた．筆者が翻訳した『知力を鍛える究極パズル』(ディック・ヘス著，日本評論社，2014)は，多くのパズルマニアが問題を出し合ってできた本だ．そのなかのピーター・ウィンクラー氏作の次の問題がある(一部略)．非負の整数で，アルファベット順の辞書で，

（a） 最初に来る数と最後に来る数，
（b） 奇数のうち，もっとも先に出てくる数，
（c） 最後から二番目の数，

はなにか，というものである．

英語の数詞において基数のうちアルファベット順で最初のものがeight (8)で，最後がtwo (2)である．位数で最初にくるのがbillion (十億，10^9)で，最後がvigintillion (千那由他，10^{63})である．(a)は簡単で，eightとzero (0)だった．(b)は，最初にeight billionと言い，最後にfive (5)と言うことになる．そしてその間にeightを使った語句が入り，結局，答えは，

8, 018, 018, 885
(eight billion eighteen million eighteen thousand
eight hundred eighty five)

になる(全体が一つの単語として辞書順にした場合)．

(c)の答えは，2×10^{63} あまりの数，

two vigintillion two undecillion two trillion
two thousand two hundred two

になる．ここに出てくる数詞は耳慣れないかもしれなが，下のような体系になっている．

◉—— 英語の大きい数詞

英語の位数は，十進の部分が ten と hundred である．今日一般的になっているのは，千進(3桁区切り)で，thousand, million, billion と続く．この先は trillion, quadrillion, quintillion, sextillion, septillion, octillion というように，表6.1にあるようなラテン系の語根のあとに illion を付けて千進の位数を作っていく．bi が2，tri が3，quadr が4である．語根を N とすると10の $3(N+1)$ 乗の数を表すわけである．billion なら 10^9 を，trillion なら 10^{12} を意味する．日本語数詞の場合は，位数を規則なしに用意されるのでそれが尽きれば数詞はおわりであるが，英語の場合このように体系的だ．パズルでは vigint が20なので vigintillion は 10^{63} を，undec が11なので undecillion は 10^{36} を意味する．

なお，million, billion, trillion, …を，百万進，つまり6桁増しで用いる別の方式もある．この方式では，語根を N とすると10の $6N$ 乗の数を表すわけであ

表6.1　ラテン語，ギリシャ語の数詞語根と英語

数	英語	ラテン語	ギリシャ語	印欧祖語
1	one	unus	mono, he	oino
2	two	duo, bi	di	dwo
3	three	tres, tri	tri	tri
4	four	quadr	tetra	kwetwer
5	five	quinque	penta	penkwe
6	six	sex	hexa	seks
7	seven	septem	hepta	septm
8	eight	octo	okta	okto
9	nine	novem	nona, ennea	newn
10	ten	decem	deka	dekm(t)
11	eleven	undecim	undeka	—
20	twenty	viginti	eikosa	—
30	thirty	triginta	triakonta	—
100	hundred	centum	hecto	kmtom

る．billion なら 10^{12} を，trillion なら 10^{18} を意味する．

◉── 英語の数

数の体系を観察するにあたっては漢語(つまり普通の音による日本語)を基準にするといい．漢語の数詞がもっとも体系的である．中学生のころ，英語の数を習った．12 は，ten two でなく，twelve だったし，20 は two ten でなく twenty だったのには違和感があった．

簡単に言うと，漢語と比べて，英語では合成的数詞 11, 12, …, 19 と，20, 30, …, 90 が変化して特別な形になっている．eleven と twelve の leven や lve のところは，leave や left と同じ語源で，「残っている」という意味だ．13〜19 では teen を，20, 30, …, 90 では ty を接続して語を形成している．もちろん teen と ty は ten と同源である．その前の基数も少しずつ形を変えている．

◉── 英語数詞の過去とインド・ヨーロッパ語族

英語の数詞を過去にたどってその起源を見てみよう．日本語は孤立した言語で仲間の言語がないが，逆に英語にはたくさんの仲間のことばがあり，そのグループをインド・ヨーロッパ語族(あるいは短く印欧語族)という．

大航海時代以前を考えても，西はポルトガル，アイルランドから，東はベンガル語などのインド亜大陸までたくさんの言語がこれに属している．

言語は時が流れるにしたがって変化していく．同じ言語が二つの地方で使われていたとして，両者の関係がなくなると，それぞれ独立に変化していくことになる．最初は方言の違いだったのが，ついには別の言語になるわけである．この過程を繰り返すと語族というグループができる．なお，このように複数の言語に分裂する前の起源になる言語を祖語という．

インド・ヨーロッパ祖語の始まりははっきりしていないが，8000 年前(1000 年以上幅がある)，黒海の北・東(今日のウクライナと南ロシア)か，南(今日のトルコ)あたりから発祥したと考えられている．これがさらにゲルマン語派，ロマンス語派，スラブ語派，インド・イラン語派などのグループに枝分かれした．英語はこのなかで，ゲルマン語派に入る．その歴史のなかで数詞はほとんどほかのことばに入れ替えられずに維持されてきた．

比較言語学者は，綿密な論証を積み重ねてインド・ヨーロッパ祖語を再構築したわけである．数詞も同様だ．表6.1でその一端がわかる(この表は厳密ではない)．

◉—— dがtに

表6.1にある数を順に見ていこう．印欧祖語でのdは，英語などのゲルマン語派ではtという音に変化した．ラテン語などのロマンス語派ではdのままである(toothとdent(歯)もその例)．そのあとdiがbiになった．結局twoは，double(ダブル)，duet(デュエット)，diode(ダイオード)，dipole(双極)などと同じ語源なのである．biについてのものは，bicycle(自転車)，binary(二分．二進)なども同じ語源である．日本語中の漢語のように，英語にラテン系のことばが大量に入り，語彙の多くを占めることとなった．

◉—— 5は指

英語の5(five)はfinger(指)と共通する語源であることが想定されている．世界中のたくさんの言語で，5は手や指を語源にしている．ドイツ語で5はfünfである．もとはnが含まれていたことがわかる．

pentagon(五角形)はギリシャ語系であり，quintet(五重奏)はラテン語系である．fiveのfはpから変化した．ラテン語での5のquinqueの先頭のquは4の先頭のquに引きずられてpから変化したものである．英語では逆向きで，fourのfはfiveのfに引きずられたものである．

◉—— 10は2本の手

101について，印欧祖語として推定されるのは，dekmtという形だ．ここでmは母音としての性格を持つ子音である．

英語やドイツ語などのゲルマン語派では，祖語にあったkがhに変わった．そのようなことをもとに考えると，kmtのところがhand(手)に対応することが想定される．ほかのことばでのhとk対応は，たとえば，heartとcordial(心)，houndとkennel(犬)，wheelとcycle(車)，headとcapital(頭)などだ．疑問詞の wh がフランス語・スペイン語などの qu に対応する．

そして dekmt の de のところは duo，つまり 2 である．合わせると 2 本の手という言い方で 10 を表したと思われる．結局 ten の t は，two の t であり，ten の n は hand の n とつながっているわけである．

◉—— 100は10個の10

hundred などの語源は何だろうか．祖語では kmtom のような形だ．これは 10 個の 10 という表現から出たとする考えもある．10 の dekmt を二つ並べたもの

dekmt dekmt

の中央の部分が残ったのだろうということなのだ．

この kmtom のような形から英語の hund の部分もできた．red の部分は read と関係があるらしい．和語の「読む」に数えるという意味があることを想起させる．

ロマンス語では cent という形になる．c の発音は k から ch をへて s になった．centimeter（センチ），century（世紀），cent（セント）などたくさんの単語がこれから来ている．

1000（thousand）には「大きい 100」という形が想定されている．thous の部分が大きいとか，強いという意味で，and が kmtom に由来するというわけだ．

◉—— いろいろな語源

ローマでは本来 3 月が年の始めであった．それよりまえに 1 月（January）と 2 月（February）を付け加えたので 2 か月ずれてしまった．もとは正しく September～December が 7 月から 10 月だった．

イワシなどの魚に入っていて体にいいといわれる油の，DHA（ドコサヘキサエン酸）とは，炭素が 22（ドコサ）個で，二重結合が 6（ヘキサ）の不飽和脂肪酸である．EPA（エイコサペンタエン酸）は炭素が 20（エイコサ）個，二重結合が 5（ペンタ）である．化学の分子名はギリシャ語系の数詞を用いている．

単位図形を一定数つないで作るパズル図形にいろいろなものがある．正方形なら，モノミノ，ドミノ，トリオミノ，テトロミノ，ペントミノ，…といい，

一般語としてポリオミノという(ソロモン・ゴロム著,『箱詰めパズル ポリオミノの宇宙』(日本評論社, 2014)という本がある). これはドミノが正方形2個なので, ドを2と解釈してそれより上をギリシャ語系数詞で作り出した. ほかにポリキューブ(立方体), ポリアモンド(正三角形), ポリヘックス(正六角形)などがある.

◉—— 順序数詞

英語には順序数詞というものがある. 序数詞ということばもあるが, 助数詞と同音なので使わないことにする. 4番目が fourth というように, th を付ける.「fifth」のように, その前の数を表す部分が変形することもある. 面白いのは「first」と「second」で,「one」や「two」とは違う語を使う. 2001年に21世紀になったとき, 日本の広告などで「21th century」という間違いがよくみられた. 1桁の場合だけでなく, 2桁以上の数で一つの桁が1のときにも first を使うので,「21st century」が正しい(しかし, 11世紀は「11th century」である).

◉—— firstは「最も前」

このことばの fir のところは before, forward, forecast の for と関係がある.「前」,「先」という意味と同じ語源を持つ. 前置詞の for もそうである. front ということばも関係するかもしれない. そして「st」の部分は形容詞の最上級を起源とするものである. だからもとの意味は「最も前」ということになる.

さらに歴史をさかのぼって, ラテン語などほかのことばにいくと, pre とか pro という接頭辞とこの語根は同一である. pre は前もってという意味が強いし, pro は前へという意味がある. prepare(準備する), propose(提案する)などたくさんのことばがある. 素数の prime number も, また primitive(基本の), primary(初期の), priority(優先)もこの語根を持っている. prim-の m はラテン語系の最上級の表現だ.「前」から「基本」「根源」というように意味が広がった.

◉── secondは「続きの」

このことばは，sequence(例)，sequential(つながった)，consequence(結果)と同じ語源で，「続きの」とか「次の」という意味があったのである．スイートルーム(suite room)の suite もそうで，続き部屋という意味であり，甘い部屋ではない．

時間や角度で，時や度を最初に 1/60 に細分化(minute)したのが分(minute)で，さらに続いて 1/60 に細分化したのが秒(second)だ．面白いことに，その次に細分化した単位は third でそのまた次は fourth という．日本人からみると，分数の呼称も順序数詞を使うので(2/3 は two thirds)混同しないかと感じる．

◉── 日本語で順序を表す

日本語では順序数詞というものはなく，接尾辞，接頭辞で表す．不規則な順序数詞にわずらわされることがなく，体系的である．数詞＋助数詞＋「目」，数詞＋「番」(＋「目」)，「第」＋数詞，といった形である．たとえば 3 個目，3 番，3 番目，第 3 となる．

◉── 「何番目」と英語で言えるか

英語の場合，数詞に対する疑問のことばはなく，how many とか how much という言い方で数の wh 質問をする．これはそれほど使いやすくはない．

日本語の場合，「いくつ」や「いくら」という疑問数詞があるだけでなく，「何」(「なに」でなく「なん」と読む)がとても強力なことばとして存在する．文法的に言って，普通の数詞が入る場所に「何」を入れて使う．「何人」，「何本」，「何リットル」，「何年何月」というようになる．基数の数が入る場所に「何」を入れる用法もある．「十何人」，「何百本」，「何十年ぶり」などである．順序数詞に「何」を入れることもまったく規則的に問題がない．「何個目」，「何番目」，「第何」などだ．

中国語では「多少」という疑問の数詞以外に，「几《チー》」(繁体字や日本字で「幾」)がある．「几」は「何」と似た使い方をする．助数詞を付けるのも同じである．「何曜日」が，「星期几」となるのも同じである．

順序数を質問する英語の仕組みはない．「今，何個目のケーキを食べていますか」という文(すなわち，「3 個目です」が応答になるような質問文)を英語に“直訳”してみてほしい．

How many-*th* cake are you eating now?

といいたいところだができない．英語には「順序数詞の疑問詞」がないのである．

第 6 話は英語の数詞の仕組みや起源を中心に述べてきた．第 7 話は日本語の数詞に話をもどそう．第 5 話の二番目のパズルは実は和語の数詞に関係する問題なのでこれも第 7 話に解説する．

第 6 話は最後にクイズを出そう．次のことばはそれぞれ，語源的に考えて区切るとすればどこで切れるか．

プリマドンナ，般若《はんにゃ》，カメハメハ，

リオデジャネイロ，コスタリカ，ロサンゼルス，

ウラジオストック

第7話 和語の数詞，そしてことばのつながり

数詞のことをいろいろ述べてきたがその最後として和語のことを考える．その成り立ちなど，今日でもほとんど謎である．それから，次第にことばのつながりの話に移ろう．ことばがどうつながっているかを認識することは興味深い話題であり，言語処理技術につながる問題でもある．

◉—— 仮名列のパズルの答えは日付

第5話の二番目のパズルは次のようなものだった．次の仮名の列の先頭にはなにが入るだろう．

□ふみよいむなよことじじじじじじじじじはにににににににににささ

これを見て，和語の数詞の「ひふみよいむなやこと」のようだ，と思うのは正しい方向だ．しかし，□が「ひ」であるというのは不正解である．よく観察すると8番目が「よ」になっている．全部で31文字であることに気が付けば，正解は近い．答えは，日付の読みの先頭の仮名である．だから□は「ついたち」の「つ」である．これは「月立《つきたち》」で，月の始まりという意味だ．8番目の「よ」は「ようか」だった．

日付は，和語の数詞に「うか」を接続してできた．「ようか」は「やうか」から生まれた．「ふつか」や「なのか」など，それぞれ「か」の前の母音がuやoになっているのもそのためである．昔の日本語では母音同士が隣り合えないのでそこで音の変化が起きている．

◉—— 和語の数詞

和語，つまり訓読みの数詞は表7.1（次ページ）のようになる．10以下と20はよく使うが，ほかはあまり使われない．「おおみそか ＝ 大三十日」や「やお

表 7.1　和語の数詞(歴史的仮名遣いで示した)

数	数詞	数	数詞	数	数詞
1	ひとつ	10	とを	100	もも
2	ふたつ	20	はたち	200	ふたほ
3	みっつ	30	みそぢ	300	みほ
4	よっつ	40	よそぢ	400	よほ
5	いつつ	50	いそぢ	500	いほ
6	むっつ	60	むそぢ	600	むほ
7	ななつ	70	ななそぢ	700	ななほ
8	やっつ	80	やそぢ	800	やほ
9	ここのつ	90	ここのそぢ	900	ここのほ

や＝八百屋」などのことばに残っていたり，百《もも》や千《ち》を人名によく使うということはある．百恵，千代子，千春などがそうだ．

ここで1〜9の「つ」，20の「ち」，30〜90の「ぢ」は物を数えるときに付ける語尾であり，同じ機能を持つ．年齢が30代であることを「三十路《みそじ》」と書くが，本来的には「路」はおかしい．

まず気づく点は，「みそひともじ」(31文字，短歌のこと)のように，「とを」という独立形に対して「そ」という接続形があることである．これは英語の「ten」対「ty」に似ている．日本語では，100の代にもこれがあり，「もも」が独立形で「ほ」が接続形である．なお1000の代では両者に区別はなく「ち」である．もう一つの気付く点は「はたち」が特別な形であることである．規則的に作り出すとすると，「ふたそぢ」になるはずだがそうなっていない．また「いそぢ」「いほ」は「いつそぢ」「いつほ」ではない．このように英語のforty, fifty, eightyのように少しの変形もある．

◉—— つくも

「つくも」ということばがある．漢字で九十九と書く．電気店の名前にもある．これは，twelveや「はたち」と同様の特殊な形の，99を表す数詞であったと思う．「つく」と「も」に切れ，「つく」は「付く」，「次」，「続き」といったことばと関係あるのだろう．「も」はたぶん「もも」だろう．けっきょく，「次が100」，「100に続くもの」ということばだったのかもしれない．

ヒンディー語では，19, 29, 39, …, 79 がそれぞれ1･20, 1･30, 1･40, …, 1･80とい

う要素で出来上がっているようにみえる(89 と 99 は違っていて 9･80, 9･90 いう語構成のようである). たとえば 19 (ウンニース)は. あと 1 (ウンの部分)で 20 (イースの部分)ということである. このように, 次の桁上がりに一つ足りないという形の数詞の構成は, ほかにもアイヌ語(後述)やインドネシア語などのなかにもあり, 「つくも」もその一つなのかもしれない.

◉── 合成数詞の変形の程度

合成的数詞は時代の流れに従ってどんどん変形していく. 一方, こうした逸脱は記憶と使用の負担になるので, 規則的なものにもどす力も働く. 合成数詞の変化の程度をいろいろな言語で比べてみると面白い.

漢語 ＜ 和語 ≒ 英語 ＜ フランス語 ＜ ヒンディー語

という順になるかもしれない. ヒンディー語では上で述べたもののように, 11〜99 の数詞は, 類推はできるものの不規則なさまざまな語形になっていて, それぞれ記憶しないといけない. わたしたちが使っている漢語の数詞はいちばん規則的で楽である.

◉── 重複形

語が短くなると, ことばを認識しやすくするために重複させることがある. たとえば, 「じいさん」「ばあさん」ということばがあるので「じじ」「ばば」は重複形であることが確実である. 「ちち」「はは」もそうだろうし, 「おめめ」のような幼児語も多い.

「つくも」から想定されるように, 「もも」というのも重複形である可能性がかなりある. 「も」がもとの形ならば, 接続形の「ほ」とより近くなり, 両者が同源と考えることが容易になる. 東京の京王線には百草園《もぐさえん》という駅がある.

助動詞の「させる」「られる」は, サ行やラ行が重なっている. これも重複形であろう(詳細はまた後述する). 食べさせる, 食べられるという形がある一方, 飲ませる, 飲まれるという重複なしの形がある.

◉── 二倍の数対応の不思議

面白いのは，日本語の数詞が，同じ子音に対して母音を置き換えて構成されているらしいことだ．つまり「ひと」対「ふた」，「み」対「む」，「よ」対「や」が2倍の関係になっている．そして「いつ」対「とを」での「つ」と「と」の関係を入れることがある．

これを論じている人は何人もいるが，依然ミステリーだ．これを表7.2のように並べてみた．そうすると右側が2倍ということできれいにそろっている．つまり口をより開く母音の方が2倍の方である．

表7.2　日本語の数詞の中の母音交代

i	u	o	a
1ひ⟺2ふ		1と⟺2た	
3み⟺6む		4よ⟺8や	
	5つ⟺10と		

どういうわけでこのような対応ができたのかは謎である．ほかの語彙のなかでこの母音の対応で造語するものは見受けられない．このことを単なる偶然とみる見方もある．逆に，統計的に見て有意性を主張し，偶然でないということもできる．

◉── 和語の数詞はどこから

英語の数詞はその源をかなりたどることができた．第6話のことからも推し量れるように，インド・ヨーロッパ語族のなかの言語は，非常に高い割合で同じ数詞を維持して今日まで続いている．数詞は，言語が同じ仲間かどうかを考えるにあたっての大事な手がかりだ．

しかし日本語の和語の数詞と対応しそうなほかの言語の数詞は，日本の周辺になかなか見当たらない．まず漢語(中国語)とはまったく似ていない．

◉── 日本語に関係ありそうな周りの言語

日本の西隣には中国語がある．中国語はシナ・チベット語族を構成する．これには中国語とその方言すべて，チベット語，ビルマ語，およびヒマラヤからビルマにかけてのたくさんの少数民族語が含まれる．シナ・チベット語族は十分存在する証拠がある．

この語族の言語は，語が活用しない孤立語というカテゴリであり，語が一つの音節でできている，語に声調がある，動詞のあとに目的語を置くなどの性質を持つ．この点は，日本語に似ていない．

シナ・チベット語族のすぐ西，北，東には，文法や形態が似ている多くの言語がある．西からいうと，

トルコ語などのチュルク語族
蒙古語族
満州語などのツングース諸語
韓国語(朝鮮語といってもよい)
日本語
アイヌ語

である．最初の三つをアルタイ諸語という．韓国語，日本語もそれに加えることがある．アイヌ語を加える考えもある．同一起源であると考えてアルタイ語族という人もいる．

アルタイ諸語は，次のような特徴がある．第一に，修飾語が被修飾語より先に来る．連体句が名詞より先に，連用句が動詞より先に来る．第二に膠着《こうちゃく》語であるということである．これは付属語をいくつでも接続して句を構成する(これと対立する概念は，ばらばらの語で作る英語・中国語などの孤立語，語をさまざまに屈折させるラテン語・ロシア語などの屈折語がある)．たとえば，

食べ・させ・られ・たく・なかっ・た・ん・です・よ・ね

というように付属語列がつながりうるのが膠着語だ．このほかにもｒが語の初めに来にくいとか，母音調和とか，いくつもの共通した特徴がある．

◉—— アルタイ諸語の数詞と日本語

表 7.3 には，アルタイ諸語のなかのグループごとに言語を選んで示してある．たとえば，第 6 話にみたインド・ヨーロッパ語族の，英語とラテン語の数詞では容易に関連を推し量ることができ，実際同一語源であった．そういうものがここでは一見して日本語を含めて言語間の関連を見つけるのは困難だ．

表7.3　アルタイ諸語の数詞(1〜10)

言語	1	2	3	4	5
トルコ語	bir	iki	üç	dört	beş
中世蒙古語	nigen	qoyar	ghurban	dorben	tabun
満州語	emu	zhuwe	ilan	duin	sunzha
韓国語	hana	tul	set	net	taseot
アイヌ語	sine	tu	re	ine	asikne
言語	6	7	8	9	10
トルコ語	alti	yedi	sekiz	dokuz	on
中世蒙古語	jirghughan	dologhan	naiman	yisün	arban
満州語	ninggun	nadan	zhakûn	uyun	zhuwan
韓国語	yeoseot	ilgop	yeodeol	ahop	yeol
アイヌ語	iwan	arawan	tupesan	sinepesan	wan

満州語(ツングース諸語)の7がnadanが「なな」に似ているくらいだ．韓国語とアイヌ語は和語の数詞にまったく似ていない．ところが韓国語とアイヌ語の間では，類似性を感じる．1, 2, 4 (hanaとsine，tulとtu，netとine)である．5から9については，両者は比較にならない．アイヌ語のasikneは手を意味することばにつながっているし，6〜9は，4で10，3で10，二つ足りない，一つ足りないという合成語の構成だ．韓国語のほうも5〜9は合成語である可能性がある．たとえば，yeodeolp (8)(pは綴り字についている)が，10 (yeol)・二つ(tul)・なし(eopta)などだ．古代に，朝鮮半島か日本列島で，韓国語を話す地域とアイヌ語を話す地域が直接隣り合っていて，その間に日本語を話す人々が割り込んできたのだろうか．

日本語との対応では，蒙古語などの4 (dorben)が「よ」に対応する(日本語のyがdに由来するとして)とする人もいる．日本語の「ここのつ」が蒙古語の3 (ghurban)により3 (gu)×3 (gu)であるという説もある．しかし今日ではこれらはまだ想像の範囲でしかない．

紀元前1世紀から紀元7世紀に存在した高句麗《こうくり》という国があった．その言語である高句麗語の地名に，3, 5, 7, 10の和語に似たものがあることが指摘されている．大変な謎である．高句麗語は扶余《ぶよ》という種族の言語で，たぶんツングース諸語の一つといわれている．

それぞれ地名に3 (密，mit)，5 (于次，utsi)，7 (難隠，nanwen)，10 (徳，tok)という漢字が充てられていて，発音が推測される．7は満州語のnadanにもつながる.

◉—— ことばのつながりについて

第6話のクイズは，語源的に考えて切るとすれば，単語がどこで切れるかというものだった.

「プリマドンナ」は，プリマ・ドンナだ．プリ・マドンナではない．プリマは第6話で説明した first や prime ともとが同じことばである．意味はオペラなどの主演の女優・歌手ということになる.

簡単なものを先に述べると，

カ(人)・メハメハ(静かな)，

リオ・デ・ジャネイロ(river of January，1月の川)，

コスタ・リカ(rich coast，豊かな浜)，

ロ s・A ンゼルス(the angels，天使たち)，

ウラジ(征服)・オストック(東)

である．やはり意外なところで切れるのが面白い.

◉—— 般若

「般若《はんにや》」はなんとハ・ンニャと切れる．これのもとのことばは，サンスクリットで prajnya（プラジニャー)である．サンスクリットは，古代のインド・ヨーロッパ語族の東端の言語だ(インドにおけるラテン語のようなものと思えばよい).

そのあとその口語として生まれたのがパーリ語で，仏典もこれで記述された．パーリ語では発音が変化し panynya（パンニャー)という形になった．r が脱落し，j が後ろの ny に同化した(ny とここで書いたのは，ch に対応する鼻音で，インドの文字では n とは別の文字で書かれる).

ここで pra または pa は，また first, prime, pre とつながることばで，「第一の」とか「基本的な」という語義である．jnya または nynya の部分は，知識という意味である．これは実は英語の know, knowledge と同じ語源である．英語の助動詞 can も同語源で，仕方を知っているという本来的意味から，「できる」という意味になった．ロシア語のзнание(ズナーニエ，知識)，знать(ズナ

ーチ，知る）も同じ起源である．こうした語の要素は，インド・ヨーロッパ語族のなかで綿々とつながってきたわけである．結局，般若は，「根源的な智慧」「最も基本的な智慧」ということになる．

◉—— 日常のことばの区切り

一方，日常的なことばの理解においては，どう文字の並びをことばとして区切るのかということが重要で，今日の情報社会において必須のものである．

よくわれわれが目にするのは，漢字仮名変換である．そのなかには，仮名列を区切って単語列にする仕組みがある．変換ミスのことはとても面白がられている．「おしょくじけん」が，汚職事件になったり，お食事券になったりする．落語に「ここではきものをぬげ」という注意書きの話が出てくる．

同じ仮名が並んだ列も面白い．

すもももももももものうち

これの答えは「すもも・も・もも・も・もも・の・うち」つまり「李も桃も桃のうち」だ．しかし情報処理技術からみればこの作業はそう簡単ではない．助詞の「も」に加えて，「酢」，「巣」，「藻」，「桃」，「腿」，「物」，「者」，「脳」，「農地」，「内《うち》」，「地」，「血」などたくさんの候補のことばがある．

仮名だけの列の処理は大変である．そこからわかるように，語の区切りの問題について，日本語では漢字が必須の手がかりになる．漢字仮名交じり文でも，その区切りは簡単なわけではない．少しでも間違うと意味が通らなくなる．韓国語やベトナム語は，日本語と同様に漢字とともにたくさんの漢語を受けいれた．しかし漢字を捨ててローマ字やハングルだけで文を書くようになった．漢字を使いつづけている日本人からみれば，ローマ字やハングルだけでは読みにくいのではないかと思ってしまう．この文を区切る技術はウェブ上のテキストのマイニングや自動翻訳など，基幹的なものになってきた．

第７話は日本語の数詞の構成や起源を考え，語に切れ目を付ける話を始めた．第８話はことばの切れ目を見つけて単語を見つけ出す技術のはなしをしよう．

最後にパズルを一つ出題する．「も」ということばと，「もも」という二つのことばだけしかないとする．それを自由に並べて，10文字の「も」の並び

もももももももももも

を作る作り方は何通りあるか．

第8話　同じ音の並び，そして形態素解析

第7話で，「すもももももももものうち」など，同じ仮名が並んだ列の話を始めた．第8話は面白いものをいくつか紹介しよう．そうした文はわかりにくいがなんとか人間は理解できる．人間はそんな文でもどんなことばの連なりかを認識できるのだ．第8話はまたそうしたことをコンピュータに行わせる技術，つまりことばの切れ目を見つけて単語を見つけ出す技術の話をしよう．

◉――「も」の並び

第7話のパズルは次のようなものだった．「も」と，「もも」という二つのことばを自由に並べて，10文字の「も」の並び「ももももももももも」を作る作り方は何通りあるか．

以前，仮名に「ん」が挟まるパターンの数が，文字数でみてフィボナッチ数列になる話をした．これは一つの文字列に対してそのなかの組合せの問題であるが，ここでもフィボナッチ数列になり結局89通りになる．

このようにことばに区切る組合せは，一般にその文字列の長さに対して指数的に増えていく．区切りの正誤を全組合せに対して検索するなら計算時間も指数的に増える．そうならない対処が必要だ．

◉――鶏とチャウチャウ

同じ文字列の並びで，「李も桃も…」同様よく知られているのが，

うらにわにわにわにわにわにわとりがいる

という音の列だ．これは「裏庭には二羽，庭には二羽鶏がいる．」である．少し整合性がとれないところがある．裏庭と庭で同じ状況なので「には」のところは「にも」になるべきだろう．しかしそうすると同じものの並びでなくなって

しまう．「鰐《わに》」，「輪《わ》」，「埴輪《はにわ》」なども動員して改良できないだろうか．

関西弁だとチャウチャウが出てくる文言がある．長くなるように改良してみた．

　　このちゃうちゃうちゃうちゃうちゃうんちゃうちゃうちゃうちゃうちゃうちゃうちゃうちゃうもどきいうんやで

この意味は，「このチャウチャウ，チャウチャウでないんじゃない？　チャウチャウでないチャウチャウはチャウチャウもどきというんだよ．」ということになる．関西弁だと，「違う（ちゃう）」をよく使う．関東弁で「じゃない」「じゃん」というときに使われる．

◉――バッファローのバッファロー

次の文は，バッファロー大学の先生が考えたものであり，同じものの連なりの英文として有名だ．

　　Buffalo buffalo Buffalo buffalo buffalo buffalo Buffalo buffalo

直訳すると「バッファロー市のバイソンが怖がらせるバッファロー市のバイソンはバッファロー市のバイソンを怖がらせる．」ということになる．ほかのバイソンに怖がらせられたバイソンはまた別のバイソンを怖がらせる，という意味で理解できる．buffalo には脅す，怖がらせる，などの意味がある．英語の特

徴として動物などの名詞が想像できないような意味の動詞として使われることがある．これもその一つだ．

困ったことに，英語では，たいてい複数の名詞なら接尾辞のｓが付き，主語が単数なら動詞に三人称単数のｓが付く．そうすると主語・動詞のどちらかにｓが付いてしまい，同じ文字列の連なりにできなくなる．

ここでdeer（鹿）とかsheep（羊）とかfish（魚）という単語は，複数になってもｓが付かないというのを思い出してほしい．食べ物などになり個別の一匹一匹を区別しない名詞の場合にそうなることがある．野球の「広島カープ」もカープスではない．buffaloの複数には普通ｓを付けるが，付けないのもなんとか許容範囲に入るらしい．かつて「近鉄バファローズ」という野球チームがあったが，短い期間，「近鉄バファロー」だった．そういうわけで，上の文中のbuffaloは複数名詞にもなり，順に次のように分析される．【　】は関係節で，直前の主語にかかる．

地名，動物名詞の複数（主語），
【地名，動物名詞の複数（主語），動詞（三人称複数）】，
動詞（三人称複数），
地名，動物名詞の複数（目的語）

◉――ライオンを食べる

中国語にも同じ発音列の面白い文章がある．趙元任という言語学者が書いた次の短文だ．漢字の表現能力を説明するために考え出したようである．

> 「施氏食狮史」
>
> 诗士施氏，嗜食狮，誓食十狮。适施氏时时适市视狮。十时，适十狮适市。是时，适施氏适市。氏视是十狮，恃矢势，使是十狮逝世。氏拾是十狮尸，适石室。石室湿，氏使侍拭石室。石室拭，氏始试食是十狮尸。食时，始识是十狮尸，实十石狮尸。试释是事。
>
> 日本語私訳：「施さんのライオン食史」
>
> 詩人の施さんはライオンを食べるのが好きで，10頭のライオンを食べる誓いを立てる．施さんはいつも市《いち》の中でライオンを見る．10時，ちょうど10頭のライオンが市に来る．このとき，施さんは市に来る．彼はこの10

> 頭のライオンを見て，矢の力を頼りにして，この 10 頭のライオンをあの世に行かせる．彼はこの 10 頭のライオンを拾って，石の部屋へ．石の部屋は湿っぽくて，彼のお付きの者に石の部屋を拭かせる．石の部屋を拭いて，彼は 10 頭のライオンの死体を食べ始めてみる．食べると，この 10 頭のライオンは，実際は 10 の石のライオンの死体だった．こう解釈してみるのだ．

上の中国語はどの字もピンインで shi と書き，シーと発音する(アクセントはそれぞれ異なる)．10 円玉が舌の上に乗っているような感じ，あるいは舌をスプーンのように中央をくぼめる気持ちでシーと読む．先頭のタイトルも，また末尾の「こう解釈するのだ」というところも全部シーであるのが秀逸だ．

声調つまり高低のアクセントは，簡単に言うと次の通りだ．高はソー，昇はミソ，低はレド，降はソドという音程で言えばよい．それぞれ一声，二声，三声，四声と呼ばれている．細かくいえば，軽声というものがあったりする．また低は，次に切れ目があるとレドファのように，次にまた低があるとミソのように変わるということがある．

「高降昇高低」

高降高降，降昇高，降昇昇高．降高降昇昇降降降高．昇昇，降昇高降降．降昇，降高降降降．降降降昇高，降低降，降降昇高降降．降昇降昇高高，降昇降．昇降高，降低降降昇降．昇降降，降低降昇降昇高高．昇昇，低昇降昇高高，昇昇昇高高．降降降降．

世界中のどの言語も，時が経つにしたがって音が簡略化していく．中国語もその例にもれない．日本語の音で上の文を読むと，違う音がさまざまに入っているのがわかる．以前述べたように，日本語に漢字音の呉音が入った後に中国語では濁音が清音に変わった．文中の字だと十(じふ)，是，食(じき)，時，実，事などだ(かっこ内は呉音)．また中国語では中世以降に促音(語尾の k, t, p)が消えた．文中の字だと十(じふ)，食，石，実，室，識，釈などだ．それらのために多くの漢字音がシーに合体してしまった(差異のうちいくらかは声調に反映して残ってはいるが)．

◉—— 形態素とは

ことばの基本単位を形態素(morpheme)という．これは単語より少し細かい単位である．たとえば，playing は play と ing という形態素に分けられる．「食べました」は「食べ」，「まし」，「た」という形態素でできている．形態素に分けた後に，係り受け分析，構文解析等を行い，それを利用してさまざまな言語処理をするわけだ．

◉—— 形態素解析

コンピュータがテキストデータを受け取っても，そのままではほとんど役に立たない．使えるようにするためには形態素の列にしなければならない．その方法を形態素解析(morpheme analysis)という．

形態素解析への入力は，仮名漢字文字列，仮名だけの文字列，音の列など状況や課題によっていろいろであるが，基本的にはテキスト(文字の列)である．これを形態素の列に区切るのが形態素解析だ．形態素解析の仕事は，二つの事柄でできている．一つは形態素間の区切り(segmentation)である．もう一つは品詞付け(tagging)といわれ，得られる形態素のカテゴリ(品詞)を示すことである．たとえば「卵を食べた」なら，

卵(名詞)/を(助詞)/食べ(動詞)/た(助動詞)

となる(実際には活用形，品詞細分類なども付加する)．

◉—— 形態素解析の手法

コンピュータで日本語を扱い始めたころは形態素解析は困難な課題であった．簡単な方法として最長一致法があった．文字列の先頭から見た文字列の中で，辞書にある単語のうちで最長のものを切り出す．さらに残りの文字列に対して同様に繰り返すというものである．それに加えてコスト計算をしていた．1990年ごろになり，確率論的，数理的な考え方に裏打ちされた HMM (隠れマルコフモデル)を用いた形態素解析法が確立し，高い解析成功率が得られるようになった．さらに近年になりさらにすぐれた CRF (条件付き確率場)による方法が出てきた．ここではまず HMM による方法を説明する．

◉── 共起確率，条件付き確率，近似

本論に入る前に確率についておさらいしておこう．事象 a に対してそれが起きる確率を $p(a)$ と書く．ここでかっこのなかの記号 a が「どんな事象を意味するのか」を誤解しないようにすることが大切である．たくさんの試行があるとき，$p(a)$ は $\dfrac{f(a)}{f(\text{全試行})}$ で予測できる．ここで $f(\ )$ は頻度(起きた回数)である．この問題においてはこの分数が $\dfrac{0}{0}, \dfrac{0}{1}, \dfrac{1}{1}$ といったものになってしまい予測できなくなることが多い．

$p(ab)$ というように二つの事象があるときは，共起確率という．$p(a|b)$ という表現は条件付き確率といい，事象 b が起きた状況での a が起きる確率である．これは $\dfrac{f(ab)}{f(b)}$ で予測できる．また，$p(a|b) = \dfrac{p(ab)}{p(b)}$ という関係がある．

条件付き確率で条件を無視するということをすると近似値が得られる．つまり $p(a|b) \fallingdotseq p(a)$ である．形態素解析の考え方では，近似が離れることを避けつつ，このことを駆使する．

◉── 出現する確率が最大の形態素列が答え

入力データとして文字列 w が与えられたとする．それに対して，まず部分文字列の列に区切り，それぞれにカテゴリ(品詞) C_i を割り当てる．この結果の列 $C_1C_2\cdots C_m$ が形態素解析の結果の候補である．この文字列 w に対して結果列 $C_1C_2\cdots C_m$ が生じる条件付き確率 $p(C_1C_2\cdots C_m|w)$ を最大にするような結果列

$$\mathop{\arg\max}_{C_1C_2\cdots C_m} p(C_1C_2\cdots C_m|w)$$

を形態素解析の答えとする．もちろん $\dfrac{f(C_1C_2\cdots C_m, w)}{f(w)}$ は $\dfrac{0}{0}$ となるので，上記の式そのものは求めることができない．実際に推定できる確率値の積の形でこれを近似する．すなわち，

$$p(C_1C_2\cdots C_m|w) = \frac{p(C_1C_2\cdots C_m)p(w|C_1C_2\cdots C_m)}{p(w)}$$

ここでそれぞれの形態素(の文字列)を $w_1, w_2, \cdots, w_m$ とし ($w = w_1w_2\cdots w_m$)，カテゴリ C_i に対する形態素 w_i の出現確率がそれぞれ独立だとして近似すると，

$$p(w|C_1C_2\cdots C_m) \cong p(w_1|C_1)p(w_2|C_2)\cdots p(w_m|C_m)$$

となる．またカテゴリの同時出現確率が直前のカテゴリだけに依存すると近似すれば

$$p(C_1 C_2 \cdots C_m) \cong p(C_1|C_0)p(C_2|C_1)\cdots p(C_m|C_{m-1})$$

となる．最初の式の分母は定数なので無視すると結局

$$\prod_{i=1}^{m} p(C_1|C_{i-1})p(w_i|C_i)$$

を最大にすればよい．ここで，式中の最初の確率が直前のカテゴリに対する次のカテゴリの条件付き確率(バイグラムという)だ．2番目はあるカテゴリからある形態素が出る条件付き確率である．

この式の最大値を計算するには，k 文字目までの文字列でその最終カテゴリが C であるときにそこまでの最大確率 $P(k, C)$ を二次元格子に保持しておくと容易に求められる．それをラティスといい，処理アルゴリズムは Viterbi 法と呼ばれている．すなわち，

$$P(k, C) = \max_{k', C'} P(k', C')p(C|C')p(w|C)$$

を順次計算すればよい．ただし w は $k'+1$ 文字目から k 文字目までの文字列でできた形態素である．

なお，これら確率値は1より小さい値になるので，通常は $-\log$ を取ることにより正の数の加算で計算する．この場合，数値はコストとして理解することもできる．下に一つの例を示す．$p(C|C')$ のデータ(バイグラムという)(表8.1)および形態素の出現確率(表8.2)があるとして，「いいかいか」という文を解析したものである(次ページ表8.3がラティス)．それぞれ $-\log$ をとった値である．それぞれのノード(●)の下に，

$$+(-\log p(C|C'))+(-\log p(w|C)) = -\log P(k, C)$$

という値が書かれている．実線の矢印をたどってこの値が順に計算される．破

表8.1　バイグラム $(-\log p(C_i|C_{i-1}))$

C_i ＼ C_{i-1}	文頭	名詞	形容詞	終助詞
名詞	1	2	1	∞
形容詞	1	2	3	∞
終助詞	∞	1	1	3
文尾	—	2	1	0

表8.2　形態素辞書

w	C	$-\log p(w|C)$	意味など
いい	形容詞	2	良い
かい	名詞	2	貝
いか	名詞	2	烏賊
い	名詞	2	胃
か	終助詞	1	疑問

表 8.3　形態素解析のラティス

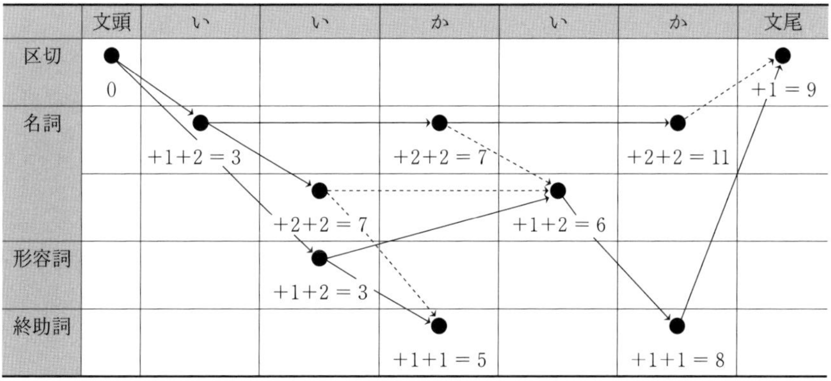

線の矢印でも同様の値が計算されているが，実線の場合よりこの値が大きくなり(確率で言うと小さくなり)それは不適である．こうして出来上がった実線を，文尾から逆にたどって，答えの分析結果が得られる．ここでは「胃/烏賊烏/賊」とはならず，「良い(形容詞)/貝(名詞)/か(終助詞)」となる．

◉── CRF

さらに新しい考え方として CRF (conditional random fields) というものが出てきた．前述の $\prod$ の式は

$$\prod_{i=1}^{m} \exp(1\cdot\log p(C_1|C_{i-1})+1\cdot\log p(C_1|w_i)+(-1)\log(C_i))$$

となる．exp の中の項はみな C_i についての評価値で，

$$\text{定数}_k \log p(C_i|\ \text{条件}_k)$$

という形だ．このような形でさらにいろいろなものを許すことにするとよいはずだ．そのほうが記述力が大きく，正解率もよくなると思われる．たとえば直前ともう一つ先のカテゴリとの関係 $p(C_i|C_{i-2}C_{i-1})$ (トライグラムという) とか，直前の形態素との関係 $p(C_i|w_{i-1})$ などである．ただその場合，相互に干渉したり消しあったりするわけなので定数の部分を適正に決めなければならない．しかしこれは形態素によりさまざまな可能性があり，理論的には定まらない．

このことを学習により決定しようというのが CRF なのである．上記の項を $W_{ik}\cdot F(\text{条件}_k)$ といった形で考える．これは，重みと，条件(素性)が成り立つか

どうかの真偽値(素性関数)の積である．この重みを学習によって得るわけである．

このような形態素解析の技術は，今日のすべての言語処理，たとえば仮名漢字変換，自動翻訳，テキストマイニング等に使われている．ことばで応答するアプリもある．それらはAIということばで簡単にかたづけられるが，実体はここに書いた数理的技術なのである．

第9話は母音の空間など，少し違う話題に展開する．

第9話　母音の空間

——磁石でわかるアイウエオのメカニズム

ことばの発音は，子音と母音を並べたものである．そのうち母音はアイウエオとか aiueo と書いて表せばいいから簡単だ，と思うとそうではない．実は奥が深いのだ．

◉—— 母音とは

子音は唇や舌をはじいたりかすれさせたりして出る音である．それに対して，母音は，声帯の震えの響きの音色である．子音は k, s, t, n などの文字で，母音は a, i, u, e, o で表す．日本語だとアイウエオだ．母音の音色を決めるのは口の形である．声帯の方は，母音の音程と，強さを決めるだけだ．口の形とはその外形だけでなく，中の舌の位置が重要である．

◉—— 母音は離散でなく連続

舌を動かしてみると，自由に連続的に動かせる．楽器でいうと，バイオリン，三味線，トロンボーンのようなアナログの道具である．音の位置が離散的に決まっている楽器は，ギターやピアノ，また多くの管楽器だ．舌はそのようにはなっていない．

だから発音できる母音は，連続的な空間の中にある．ただ，これをディジタルに使う．つまり，数個の決まった舌の位置の部分だけを使うわけである(実際の位置は前後の子音などの状況で，ばらつくということはある)．その個数は言語によって違う．そして聞くときにも，その数個の位置のどれであるかということだけを識別する．

自分の言語から見てずれた母音でも，自分の言語の母音が聞こえてしまう．そういう脳のなかの神経回路が，ことばを学習する過程で出来上がってしまっている.

◉—— 母音は2次元

母音を発音するとき，舌のもっとも高い点の位置で考えるとよい．それが高いか低いか，また手前か奥か(前舌・後舌)という二つの点でコントロールできる．手前とは歯に近い方，奥とはのどに近い方である．つまり，図9.1のように，2次元の空間の1点で母音が決まる(なお，あとでもう1次元増やす話をする)．舌を低くするとア，舌を前(歯の方)に持ってくるとイ，下を後ろ(のどの方)に持っていくとウになる．舌をいろいろ動かしてどんな音が出るか試してみよう．実は赤ん坊は本能的にそれを繰り返すうちに発音をマスターする．赤ん坊がアウアウとかバブバブといっているのがそれである．

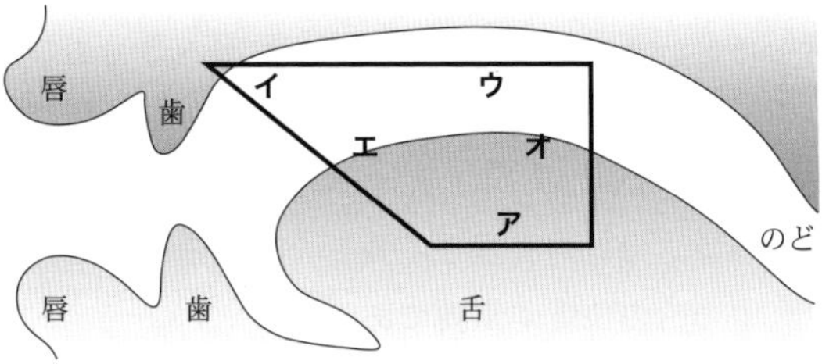

図9.1　母音を発音するときの舌

◉—— 母音三角形

自分の鼻のあたまをなめられる人がいるかもしれないが，目玉をなめられる人はいない．舌には可動範囲があって，まともな母音が出る領域がある．それは図の逆三角形のような範囲である．下の頂点のところが切れているので，台形をさかさまにしたものと思った方がよいかもしれない．

◉—— フォルマント

物理的なことがらも，舌の位置とほとんど同じ空間になる．フーリエ展開のようなもので音を周波数成分に分ける．基本周波数はのどが発する音程の音だ．

その高周波成分がどうなるかで音色を決める．高周波成分のピークを「フォルマント(formant)」という．周波数の低い方から見て，第一と第二のピークがちょうど舌の位置に対応している．つまりその二つのピークで，2次元の平面になり，その中に図9.1のようなものがあることになる．

◉── 母音はどう配置されるか

では，この空間の中で，実際に使われる音はどのように決まるだろうか．どの二つの母音音素の組もすべて正しく聴き分けなければならない．また発音するときも無理なく口をコントロールしてその母音になるようにできなければならない．そのためには母音同士を遠ざけるべきなのである．そして実際の言語でも母音は遠い位置に配置されている．

今，二つの母音の間の距離dが近ければ近いほど，聞き分けの困難さなどに対応するコストがかかるとしよう．コストを罰金，あるいは位置エネルギーと考えてもよい．これを距離ゼロで∞，距離∞で0になる減少関数$E(d)$で表そう．

そして全体のコスト，つまりすべての母音の組の間のコストの合計を可能な限り小さくすると，自然な母音位置がもとまるはずである．つまり，母音kの位置をz_kとすると

$$\sum_{i,j} E(d(z_i, z_j)) \to \min$$

とすればよい．

実際は各母音の出現頻度，前後の子音の影響，長音・短音・二重母音の影響などがあって単純ではないが，基本的なモデルとしてはこれで十分である．

◉── 磁石で母音配置をシミュレートする

100円ショップでフェライトの磁石を買ってきた．円盤形で，一つの面がN極で，他の面がS極になっている．同じ極を上にして平面上に置くと，お互いに反発して離れようとする．滑りやすい面に置くと位置エネルギーが小さい方へ磁石が動いていく．

アクリルの板の上に，スチロールの枠を貼り付けた．枠は母音三角形の形で

（a） 5母音　　（b） 6母音　　（c） 9母音

図 9.2　磁石でシミュレートした母音の配置

ある．この枠で舌が行けなくて発音できない範囲を表すわけである．この枠があると，その制限の範囲で，磁石全体が位置エネルギー極小の位置関係に落ちつく．

図 9.2 の写真は，磁石を 5, 6, 9 個置いた場合の例である．この図とは別の極小の位置関係もあり，摩擦もあるので必ずこれと同じになるわけではないが，だいたい似たような配置になる．これがちょうど母音の位置関係になる．

磁石が 5 個の形(a)は，日本語の母音の配置に近い．中央下がア，その左上がエ，左上の角がイ，最も右がオ，その上がウである．

磁石が 6 個の形(b)はちょうどアメリカ英語の強勢のある短母音の配置に似ている．左下が æ つまり hat（帽子）の a，その左上が pet の e，左上角が hit の i である．i は実際はもう少し下であり，その上に長母音 i:（heat の母音）がある．中央は ʌ つまり hut（小屋）の u である．実際はこれより下である．右下は ɑ つまり hot（熱い・暑い）の o である．右上角は u つまり foot の母音である．アメリカ英語における hat, hut, hot の 3 つの音は，日本語としては「ア」と聞こえる範囲にある．その三つは英語の音になじんでいない日本人には，みな「ハッ」と聞こえる．また，lack（欠乏），luck（幸運），lock（錠前）も，同じ組合せで，みな「ラッ」と聞こえる．もちろんこれらのアは違う音だが，日本語脳ではみなアだ．

磁石が 9 個のもの(c)は，タイ語の母音配置に似ている．下中央が a，左側は下から上に向かって ɛ（開いたエ），e（閉じたエ），i である．右側は下から上に向かって ɔ（開いたオ），o（閉じたオ），u である．中央の中段と上段は順に ɤ（非円唇のオ），ɯ（非円唇のウ）である．

◉——もう1次元増して3次元に

ここまでの話では母音は2次元としてきたが，実はもう一次元ある．舌を手前，つまりiというと，普通は唇が平ら(非円唇)になり，舌を奥つまり，uというと，普通は唇が丸くなる(円唇)．しかし，舌が前後ということと唇が円唇・非円唇ということはある程度独立にコントロールできる．結局，iからuにかけては表9.1の4通りの組合せがある(eからoにかけても同様)．

表9.1　前舌・後舌と円唇・非円唇の組合せと発音記号

	前舌	後舌
非円唇	(1)　i	(2)　ɯ
円唇	(3)　ü	(4)　u

母音三角形の下の方は，円唇・非円唇の区別は弱くなる．したがって母音の空間全体としては逆三角形(台形)で，上に向かって次第に厚みが増す，角錐のようなイメージになる．

日本語のイは(1)だ．ウは円唇性が少ないという特徴があり，(2)または，(2)と(4)の中間のような音である．西日本ではウの円唇性はより強いようだ．(4)は世界中で一般的なuだが，しっかり円唇にすると日本人にはオに聞こえることもある．(3)は日本語にはない．聞くと「ユ」に聞こえる．

(3)はヨーロッパのことばに多い．フィンランド語ではyと書く．ドイツ語ではü(uのウムラウト)だ．フランス語にも(3)があり，綴り字ではuが(3)，ouが(4)になることが多い．

トルコ語は面白くて，四つ全部そろっている．(1)〜(4)をそれぞれi, ı, ü, uと書く．つまり点がある字が前舌，ないのが後舌で，uが円唇，縦棒が非円唇ということなのだろう．iは大文字になっても点が付く(İ)．イスタンブールはİstanbulである．

前述のようにタイ語では(1), (2), (4)がある．韓国語でも同様で，それぞれ이，으，우と書く．

中国語には(3)がある．雨(yu，ユー)，雪(xue，シュエ)，女(nü，ニュー)などの字の母音がそうだ．ピンイン(ローマ字表記)が統一されていないのがへんだ．(2)は，音素としては存在しないのだが，iの異音として(2)に近いものがある．ピンインでいうとsi(ス)，zi(ツ，無気音)，ci(ツ，有気音)のiは(2)に近い，平らな唇でウという発音になっている．麻雀用語にある，面子《メンツ》，対子《トイツ》のツ，四萬《スーワン》のス，字一色《ツーイーソー》のツ，自摸《ツモ》のツである．これでわかるように，普通の日本語漢字音だとイ段になっているものが，麻雀用語ではウ段になっている．

◉—— 世界の母音と日本語の母音

ここまでの話で，母音がアイウエオ5個だという簡単な話でないことがわかる．母音の数でいうと，もっとも少ないのが北カフカスにある「アブハズ語」で，たった二つしかないらしい．ただしこれは音素としての母音で，実際の音はまわりの子音によって少し変わるはずだ．多い方は20個くらいの言語があるようである．しかしこれも音素としてとらえるか，発音としてとらえるかで違ってくる．

日本語でも，ス，ツ，ズの発音は少しiの方に寄っている．これをuと違う母音として考えれば日本語は6母音になってしまうが，だれもそうは考えない．

奈良時代以前の日本語に8個の母音があったというのが定説になっている．『日本書紀』や『古事記』での万葉仮名(漢字で発音を表記したもので仮名の前身)の使われ方を調べると一つの行で8種類が区別されることがわかっている．イ，エ，オの段が二種類あった．これを「上代特殊仮名遣い」という．実際に8種類がそろっているのはカ行だけで，ほかの行は一部分合体してしまっている．つまり奈良時代は8母音から5母音に移る途中だったようである．さらに8母音より前では，4母音か5母音だったという話もある．

沖縄方言ではエがイに，オがウに合わさり，アラビア語のような3母音になった(なお，長音としてオーとエーが復活している)．このように母音数は歴史的に見てもさまざまに変わる．

◉—— 英語の母音は時間の関数

英語の母音の数がいくつか，と聞かれると困る．日本語では母音は5個で，短音と長音で区別がない．英語の母音の組織は複雑だ．

まず英語では，長音と短音は同じ音ではない．たとえば，hitのi(イ)と，heatのea(イー)は同じ音色ではなく後者は母音三角形でより左上である．

そもそも短音・長音という区別はふさわしくなく，それぞれの母音に，長さという属性を持つと考えた方が良い．I meet a man というときに，meet の ee が man の a より短いかもしれない．

英語では，アクセントが強勢のものと，そうではないものとでは同じ音でない．強勢のない音は，i と ə だけになってしまう．

二重母音も二つの音の連なりとして考えることができない．二重母音は，舌の位置の移動として理解される．a や o の長音(エイ，オウ)がそれである．ほかの音も二重母音と同様にそれぞれの音が変わりながら発音されると考えた方が良い．たとえば e の長音も，イーというだけでなく，舌が少し低いところから始まってエイーのように聞こえる発音もある．

日本語なら一つの母音は二次元座標で表すことができる．しかし極端に言うと，英語の母音は，時間を引数とし二次元座標を値とする「関数」なのである．

そのほかに，r 付きの母音も違う音色である．インド・ヨーロッパ語族がしばしば持つ性質で，母音の役目をする子音が英語にもある．l, m, n で，little や happen の末尾がそれである．

◉―― 離れようとする数理

いくつかのものが離れようとする状況は母音以外にもいろいろなところに見

られる．鳥や獣の縄張りがそれである．近づいてくる同一種に対して警告し，遠ざける．その結果として最大限離れた位置関係に落ち着く．同業の商店はお互いに離れてまわりに客を確保する．

さて，位置エネルギーの関数 $E(d)$ が極端な減少関数であると，前述の $\sum$ の式の値は，ほとんど，

$$\max_{i,j} E(d(z_i, z_j)) = E(\min_{i,j} d(z_i, z_j))$$

になるので，

$$\min_{i,j} d(z_i, z_j) \to \max$$

つまりもっとも近い母音同士の距離を最大化する，と考えてもよい．

◉—— 点を遠ざける問題

最後に点を互いに遠ざけることについての簡単なパズル問題を出そう．

（1） 正方形の上に点を3個置く場合，2点間の最短距離が最も遠くなる配置を求めよ．

（2） 正三角形の上に点を5個置く場合，2点間の最短距離が最も遠くなる配置を求めよ．2パターンある．

第10話　日本語のアクセント

——ことばのつながり

母音を発音するとき，声帯が振動する．そのとき音程を上げ下げできる．日本語は音程の変化を意味に使う．そしてことばのつながりのところには一定の規則がある．このことを分析してみる．

◉—— 第9話の課題

図形中に点を互いに遠く配置する課題であった．

（1）　正方形の上に点を3個置く問題

（2）　正三角形の上に点を5個置く問題

答えは図10.1である．

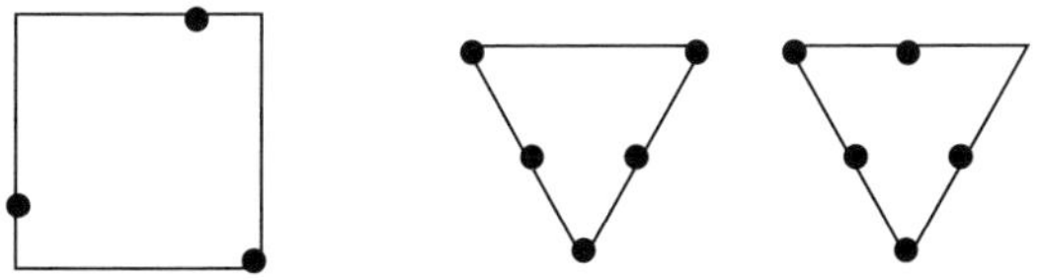

図10.1　正方形中と正三角形中の最遠点

最初の問題は，正方形へ正三角形を内接させることと同じ形になる．正方形の辺の長さを1とすると，点のあいだの距離はどれも

$$\sqrt{2}(\sqrt{3}-1) \fallingdotseq 1.035$$

である．

二番目の問題の答えは，頂点三つと，辺の中点二つ(左側の三角)．および，頂点二つと，辺の中点三つ(右側の三角)である．前者は一般的な多くの言語のaiueoである．後者は日本語の母音アイウエオの位置に似ている．正方形や正

三角形で，さらに点の数が多い場合を求めると面白い．

◉—— 発音の高低

母音や，有声音や鼻音などの子音にともなって声帯が振動して，はっきり周波数がわかる音が出る．これは母音の音色とはまったく独立にできることである．母音が2次元(または3次元)という話を第9話でしたが，音程のほうは1次元である．日本語では母音は5個であったが音の高低は2個である．

◉—— 日本語のアクセントのしくみ

英語のアクセントは音の強弱のアクセントである．英語では，疑問などの文法機能や，強調などのニュアンスを示すのに音程を使う(イントネーションという)．それに対し，日本語は高低(ピッチ)アクセントである．日本語のことばは，音が高いか低いかで異なる意味を持つ．このようなことばはアジアの言語に多い．中国語，タイ語，ベトナム語などである．

日本語では，拍(モーラ)というもの(第4話参照)に高低のアクセントが付く．拍はだいたい音節と同じと考えてよいが，つまる「っ」などで実際に母音がなく高低が事実上聞こえない場合もある．

日本語では，拍に対して高い・低いの2値を持つだけである．日本語の方言には下降などの値を持ち3値になるものもある．またアクセントがなくなって高低が意味を担わない方言もある．中国語，タイ語，ベトナム語などでは，一つの音節に数種類のアクセント(声調という)が区別される．東アジアでは，北から南に向かって，だんだん声調の種類が増えていく．

◉—— 文節単位にアクセントが定まる

日本語の場合，単語に対してアクセントがまず定まるが，ほぼ文節という単位でひとかたまりのアクセントを構成する．文節とは，自立語(名詞，動詞など)に付属語(助詞や助動詞)がつながった文法上の単位で，文より小さく，語より大きい単位である．ここで名詞といっているのは複合的なものでもよく，以降，名詞列ということにしよう．名詞列を文脈自由文法で記述すると下のように表せる．再帰的になっていることに注意する．

〈名詞列〉::=〈名詞〉|〈名詞列〉〈名詞列〉|〈接頭辞〉〈名詞列〉
|〈名詞列〉〈接尾辞〉

名詞列の例を示す．

新・大統領(接頭辞・名詞)
化学・物質(名詞・名詞)
田中・さん(名詞・接尾辞)

文節の文法は，名詞列に助詞を付けたもので

〈名詞の文節〉::=〈名詞列〉[〈助詞〉…]

と表現できる．文節の例を示す．

新大統領・に・は(名詞列・助詞・助詞)

◉―― アクセントの形式

日本語には，自立語の拍の列に対して高低を与える規則がある．名詞列等の連なり，また助詞などがさらに付いた文節についても，同じ規則である．標準語では，2 種類の高低があり，その規則は次の通りである．

- 最初の拍と二番目の拍の高さが違う
- 二番目以降では低の後に高にならない

○を低い音，●を高い音を表すことにし，規則を正規表現(閉包*を含むような集合の表現)で書くと，

{●}{○}*∪{○●}{●}*{○}*

と書ける．この無限集合の要素を並べて示すと，

{●, ●○, ●○○, ●○○○, … ;
○●○, ○●○○, ○●○○○, … ;
○●●○, ○●●○○, ○●●○○○, … ;
○●●●○, ○●●●○○, ○●●●○○○, … ;
……
○●, ○●●, ○●●●, …}

となる．すなわち，

- 先頭が高ければあとは低い，また先頭が低ければあとは高い拍が続き，
- そのあと低い拍が続く．
- または先頭が低くてあとは最後まで高い拍が続く．

5拍の場合のパターンとことばの例を示す．

●○○○○	頭高	食べたから	箸までは
○●○○○	中高	食べないと	橋までは
○●●○○	中高	食べました	端までは
○●●●○	中高	食べません	端からは
○●●●●	平板	食べかけを	端側は

結局どこで下がるかが重要で，その直前の拍にアクセントがある，と理解される．これをアクセント核という(日本人はこれを認識・弁別している)．n拍の文節(または自立語)にはn種類の高低があるのである．

ただし名詞(列)が最後まで高い場合，その後に付く付属語を下げるか否かで二つに分かれる．アクセント核の位置が先頭のものを頭高，途中のものを中高，末尾のものを尾高，アクセント核なし(付く付属語が高いもの)を平板という．2拍の名詞のアクセント種別は3種類あることになる．「はし」と単独に言った場合，その高低は箸(●○)と，端・橋(○●)の2種類なのに対し，「が」を付けると3種類(頭高，尾高，平板)になる．

箸が　●○○

橋が　○●○

端が　○●●

ちなみに，関西方言(大阪，京都などの中心部)だと規則自体が違っていて，箸が(○○●)，橋が(●○○)，端が(●●●)というようになる．2拍の名詞プラス1拍の付属語にはほかに，もう1パターン○●○(たとえば「雨が」)がある．みなさんの郷里ではどう発音するだろうか．

◉── 同じ音の全アクセントパターン

上の「はしが」の例は，同じ仮名で3拍のアクセントパターン全部になる例だ．同じように同じ仮名で4拍になる例4パターンを考えてみた．なかなか良いものは見つからないが下のものを見つけた(イカ煮はいかにも苦しいが)．み

なさんもそんな例を考えてみてほしい．

以下にも　●○○○

如何にも　○●○○

イカにも　○●●○

イカ煮も　○●●●

それほど多くは見つからないわけは，アクセントが語の区別というよりも区切りの明示のために使われているからだろう．n 拍ならば 2^n 通りの可能性があるが，そのうち n 通りだけを使っている．

◉── 名詞列のアクセント分析

名詞はその語ごとにアクセントが定まっているが，複合名詞などの名詞列については個別に定まっているのではなく，一定の規則が存在する．これは複雑かつ体系的である．データをもとにこれを分析してみた．

日本に来る留学生には，今日では流暢に日本語を話すようになった人が多い．ただしちょっと日本語がへんに感じるときがあり，その多くが名詞のつながりの高低によるものだ．このような規則をマスターするとさらによい日本語になるだろう．

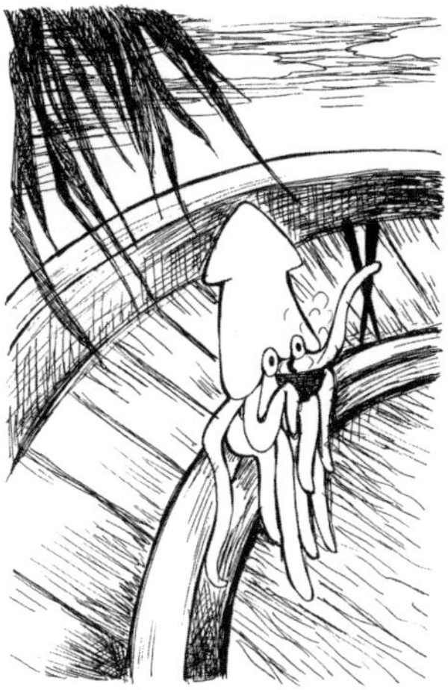

◉—— 名詞列アクセントの実例

まず，名詞列のアクセントの実例を示す．もとの名詞のアクセントと大幅に異なることに注意してほしい．

試験《しけん》　○●○＋課題《かだい》　○●●⟶試験課題《しけんかだい》　○●●／●○○

スペイン　○●○○＋語《ご》　◎⟶スペイン語《ご》　○●●●／●

北《きた》　○●＋北海道《ほっかいどう》　○●●○○○⟶北北海道《きたほっかいどう》　○●／●●●○○○

この例では，「北北海道」だけがもとのアクセントに近いものを維持している．「試験課題」は二つの名詞が繫がる場合の典型例で，境目の次の拍(右側の語の先頭)にアクセントが来る．◎印は接辞であり，自立語としてのアクセントがないものを示す．

◉—— 規則分析のための名詞列関連データの選定

この問題に取り組むために，ルールを記述するベースとなるデータを選択する必要がある．ここで「左語」と「右語」というペアを定める．これは前述名詞列の文法のなかの二分木の枝の部分であり，名詞列・名詞列，接頭辞・名詞列，名詞列・接尾辞の 3 種だ．名詞列はおもに単独の名詞である．

左語と右語それぞれについて特徴を抽出するべき素性(分析の変数)を選んで観察対象にした．すなわち，アクセント位置・品詞(名詞，接頭辞，接尾辞等)・種別(固有名詞かどうかなど)・拍数・文字数・文字種(漢字数，平仮名・片仮名)・末尾の撥音(ん)や長音(ー，う，い)を調べた．分析結果とは，名詞列のアクセント位置である．これには，絶対的位置(頭高，中高(複数)，尾高，平板)，および左語・右語のアクセント位置，境界前後のどれかが示されるようにした．

◉—— 観察によるアクセント位置規則

どういう判定形式で規則を作るか，ということは大事なことである．ここでは決定木(discrimination tree)というものを使って規則を自己観察により作った．

観察の結果が下の決定木である．IF-THEN-ELSE の形式の二分木(binary tree)の形をしている．枝分かれ(IF)のところに一つの判定があり，その判定が真ならばTHEN以下の部分木で，偽ならばELSE以下の部分木をさらにたどる．木の末端を葉というが，葉には結論，つまり名詞列全体のアクセント位置が示されている．

なお，ここでは名詞列だけを扱っている．また数詞を含むものは除外している．

If 名詞列の組み合わせに述語性がある
　　then アクセント変化なし　(1)
Else if 右語が3拍か4拍，または漢字2文字
　　then 境界より1拍右　(2)
Else if 右語が5拍以上，または漢字3文字以上
　　then 右語のアクセント位置　(3)
Else if 左語が人名で右語が接尾辞タイプ3(尊称)や職位の名詞
　　then 左語のアクセント位置　(4)
Else (右語が2拍以下かつ漢字が1文字以下)
　　If 右語が名詞または接尾辞タイプ1
　　　then
　　　　If 左語の最後が撥音か長音
　　　　　then 境界位置の1拍左　(5)
　　　　Else 境界位置　(6)
　　Else (右語が接尾辞タイプ2)平板　(7)

この規則に基づいた例を次に示す．

(1)　ダコタ戦争　○●●●○○○＋勃発　○●●●
　⟶○●●●○○○／○●●●
会議　●○○＋終了　○●●●⟶●○○／○●●●
(2)　試験　○●○＋課題　○●●⟶○●●／●○○
化学　●○○＋物質　○●●●⟶○●●／●○○○
南　○●●＋ベトナム　○●●●⟶○●●／●○○○
(3)　ヒースロー　●○○○○＋エクスプレス　○●●●○○
　⟶○●●●●／●●●●○○
新　◎◎＋大統領　○●●○○○⟶○●／●●●○○○
北　○●＋北海道　○●●○○○⟶○●／●●●○○○

（4） ドゴール　○●○○＋大統領　○●●○○○

　　　⟶ ○●○○／○○○○○○

　　　田中　○●●＋さん　◎◎ ⟶ ○●●／●●

（5） 統計　○●●●＋学　◎◎ ⟶ ○●●○／○○

　　　香港　●○○○＋風邪　○● ⟶ ○●●○／○○

　　　東京　○●●●＋都　◎ ⟶ ○●●○／○

（6） 幾何　●○＋学　◎◎ ⟶ ○●／○○

　　　アジア　●○○＋風邪　○● ⟶ ○●●／○○

　　　大阪　○●●●＋府　◎ ⟶ ○●●●／○

（7） スペイン　○●○○＋語　◎ ⟶ ○●●●／●

　　　カナダ　●○○＋系　◎◎ ⟶ ○●●／●●

　　　アメリカ人　○●●●○○＋向け　◎◎ ⟶ ○●●●●●／●●

ここで(2)は漢字2文字を二つつないだ典型的な4文字熟語の場合であり，右側の語の先頭が高くなる．この複合語の種類が一番多いだろう．

一方，右側の語が長いと，そのアクセントに従うことになる．これが(3)である．

二つの語が主語・述語になっている場合を述語性と名付けた．この場合が(1)で，アクセントはもとのままである．これはコンピュータには判定しにくそうだ．

◉—— 接尾辞パターン

残りは，接尾辞に依存するアクセントパターンである．接尾辞はアクセントタイプが三種あるように思われる．切れ目の直前にアクセントを持つタイプ1，全体を平板にするタイプ2，付いた左の語のアクセントを保持するタイプ3である．それぞれの例を思い浮かべてみると次のようになる．

　タイプ1：県，都，学，人《じん》，山《さん》，士

　タイプ2：犬《けん》，語，系，産，向け，人《にん》

　タイプ3：さん，君，首相，（敬称や職位）

これらはそれぞれ順に(6)，(7)，(4)の場合である．タイプ1については，その左語の最後が「ん」や長音の後半になった場合，そこにアクセントが来ることができないため，一つアクセントを前にずらす．それが場合(5)だ．これは名詞列に限らず一般的なきまりである．たとえば「わからない」が○●●○○であるのに対し，「わかんない」は○●○○○になる．

「あきたけん」を○●●○○というと県だし，○●●●●というと犬になる．「なりたさん」を○●●○○というと成田山(成田の不動さん)になるし，人の名なら，●○○○○というべきだ．○●●●●というと野菜などで成田でとれた産物のことになる．

日本語名詞列のアクセント規則について検討してみた．同様にしてデータからの規則自動獲得を動作させれば人間並みの精度を持つものを作れるはずである．それはデータマイニングの技術でできる．決定木を作るアルゴリズムなら，ID3などいくつもある．

実際の問題としては，地方や世代等で名詞列アクセントに揺らぎがある．たとえば，「オンライン申し込み」，「申請手続き」，「事務局長」といったことばは人によって違うかもしれない．まわりの人に聞いたりして確認してみると面白い．

第11話 言語の獲得

——有限個のサンプルから無限集合を推定できるか

幼児はまわりの大人のしゃべる文を聞いているうちにことばがわかるようになる．それは2,3年のうちのことであり，その間に幼児が耳にする文は有限個であるだけでなく，それほど多いわけではない．それなのに，無限集合で表しうる範囲の文(文法に合致する文)をすべて，理解したり発話したりすることが可能になるのだ．

第10話で述べた日本語のアクセント規則を例にとって，言語規則を獲得する仕組みについて考える．はたして有限の集合から，無限集合を表現する規則を獲得できるのだろうか．

◉—— 日本語のアクセント規則

第10話の復習をすると，日本語の文節の高低アクセントのパターンは，高を●，低を○とすると，「先頭が●ならば，あとは○だけが続くことができる．また先頭が○ならばあとは●が続き，そのあと○が続いてもよい」である．その集合は，

$$\begin{aligned} L &= \{●\}\{○\}^* \cup \{○●\}\{●\}^*\{○\}^* \\ &= \{●○^j,\ ○●^i○^j \mid i \geqq 1,\ j \geqq 0\} \end{aligned}$$

と書ける(i 乗の表現は，その文字を i 個ならべたもののことである)．たとえば「数学」は○●●●であり，「セミナー」は●○○○だ．

◉—— 文法と文法推論

形式文法の考え方では，文法とは記述であり，記号列集合を一つ定めるものである．第1話とその後で述べたBNF (文脈自由文法)もそうであるし，ここで述べるオートマトンもそうである．

そうした文法記述を G とすると，それが表す記号列の集合を $L(G)$ と書くことにする．

文法推論(grammatical inference)とは，次のような問題である．

> ある記号列の集合 L があったとする．その有限部分集合 L_0，つまり L のサンプル集合が知らされる．この L_0 から $L(G)=L$ となる G を推論する．

サンプル集合 L_0 を部分集合とする元の集合は無数にあるので，それを推測するのは不可能に思われるかもしれない．しかしはたしてどうなのだろうか．

◉—— アクセントパターンのサンプル集合

一つの例としてアクセントパターンの集合 L に関する下のサンプル集合を考えよう．

L_0 = {●, ●○, ●○○, ○●○, ○●○○,
○●●○, ○●, ○●●, ○●●●}

これは，L のうち短い列(記号数が少ない列)を取り出したものである．幼児は頻度が高い短い列をまず耳にするはずである．

◉—— 有限状態オートマトン

有限状態オートマトン(finite state automaton)とは，数理的な機械の抽象モデルである．オートマトンとは自動人形のことで，からくり時計や，からくりオルゴールにある「しかけ人形」を意味していた．このことばを流用したわけだ．

オートマトンにおいては，状態空間のなかを遷移していくことで，記号が時間順に一つ定まる．次節以降で述べる図11.1 (97ページ)や図11.2 (98ページ)がその例である．状態遷移は弧に沿っていく．弧は有向であるので全体の空間は有向グラフだ．

状態は○印で表される．そのうち小さい矢印付きのもの(→○)が一つあり，始状態という．また二重丸(◎)のものもあり，終状態という．終状態はいくつあってもよいし，始状態は終状態を兼ねていてもよい(→◎と書く)．状態の間のいくつかには，弧があり，その上に一つの記号が書かれている．

一つの有限状態オートマトンを示すには，図 11.2 のような絵(状態遷移図という)を書けば十分であるが，形式的表現をすれば厳密にはなる．それは五つ組

$$(K, \Sigma, \delta, q_0, F)$$

で定義する．K は状態の集合，Σ は記号の集合である．δ は状態遷移関数というもので，$K \times \Sigma \to 2^K$，つまり状態と記号を与えると，遷移先状態の集合を出力する関数である．q_0 は始状態であり，F は終状態の集合である．

たとえば図 11.2 は，$K = \{q_0, q_1, q_2, q_4\}$，$\Sigma = \{●, ○\}$，$q_0$ が始状態，$F = \{q_1, q_4\}$ である．状態遷移関数の値は，

$$\delta(q_0, ●) = \{q_1\}, \quad \delta(q_0, ○) = \{q_2\},$$
$$\delta(q_1, ●) = \{\ \}, \quad \delta(q_1, ○) = \{q_1\},$$
$$\delta(q_2, ●) = \{q_4\}, \quad \delta(q_2, ○) = \{\ \},$$
$$\delta(q_4, ●) = \{q_4\}, \quad \delta(q_4, ○) = \{q_1\}$$

である．このように状態遷移関数の値が要素が 1 個か 0 個の集合のとき，そのオートマトンを確定的(deterministic)有限状態オートマトンという．

◉―― オートマトンが表す記号列集合

始状態から終状態までの経路にある記号を順につないだ記号列は，「オートマトンに受理される」という．形式文法的にいうと，受理される記号列のことを「文」という．このすべての文の集合のことを，オートマトン A に対して $L(A)$ と書く．オートマトン A が記号列集合 $L(A)$ を記述している，と考えるわけである．形式的に書くと，

$$L(A) = \{a_1 a_2 \cdots a_n \mid q_0 \text{ は始状態，} q_n \text{は終状態，} q_i \text{ から } q_{i+1} \text{ に向かって記号 } a_i \text{ の付いた弧がある } (i = 0, \cdots, n-1)\}$$

◉―― サンプル集合のオートマトン

サンプル集合 L_0 をそのままオートマトンに引き写すと，図 11.1 (次ページ)のオートマトン A_0 になる．すなわち $L(A_0) = L_0$ となるようにした．たとえば，

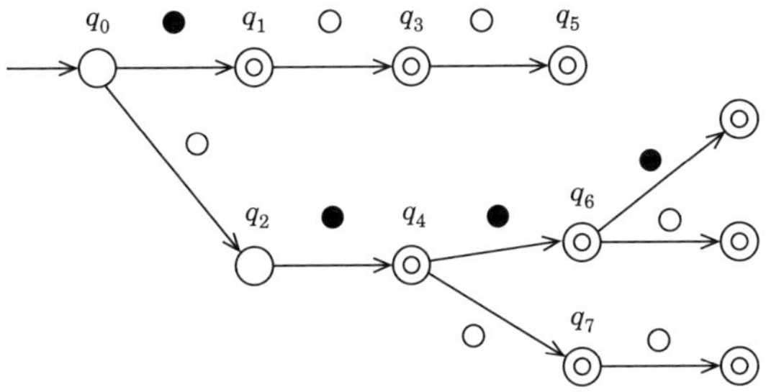

図 11.1　サンプルだけを受理するオートマトン A_0

$$●○○ \in L(A_0) \quad だが \quad ●○○○ \notin L(A_0)$$

である．

融通のきかないロボットがいて，サンプル L_0 を受け取ったとしよう．融通がきかないなら，この記号列だけを正しい文だと思ってしまい，●○○○がこのグループに入りそうだなどとは思わない．しかし人間なら●，●○，●○○が含まれるから，●○○○も含まれるのではないか，と思うだろう．

このオートマトン A_0 をもとに元の集合 L を表現するオートマトン A を作ってみる．

◉—— 状態間の同値関係

図 11.1 のなかのそれぞれの状態 $q_0, q_1, \cdots$ のあとに，どんな記号列が続くと終状態に行けるかを見る．状態 q に対しても「q から終状態に行ける記号列の集合」を同様に $L(q)$ と書けば，それぞれ下のようになる．ここで λ は空列(記号が 0 個の列，つまり 0 文字の列)である．

$L(q_0) = L_0$,

$L(q_1) = \{\lambda,\ ○,\ ○○\}$,

$L(q_2) = \{●,\ ●●,\ ●○,\ ●●●,\ ●●○,\ ●○○\}$,

$L(q_3) = \{\lambda,\ ○\}$,

$L(q_4) = \{\lambda,\ ●,\ ○,\ ●●,\ ●○,\ ○○\}$,

$L(q_5) = \{\lambda\}$,

$L(q_6) = \{\lambda,\ ●,\ ○\}$,

$L(q_7) = \{\lambda,\ ○\}$.

これらの中の二つが似ていれば，きっと両者が同じ状態に違いないと判断するのである．このために k 文字文脈

$$C_k(L) = \{x \mid x \in L,\ |x| \leqq k\}$$

というものを用意する(なおこれに，k より長い記号列の左側 k 文字の列を加える方法でもよい)．これは終状態までの記号列のうち，k 文字以下の記号列に限ったものだ．この文脈が同じになるかどうかを見る．そしてそのときに両法の記号が同値であると定める．

ここで k を大きくすると類似性をより厳しく見ることになる．つまり融通がきかなくなる．いい加減に見ることが大事であり，この問題では $k=1$ にしてみる．終状態までの記号列が，0 文字か 1 文字の場合だけということだ．すると

$$C_1(L(q_1)) = C_1(L(q_3)) = C_1(L(q_7)) = \{\lambda,\ \bigcirc\},$$
$$C_1(L(q_4)) = C_1(L(q_6)) = \{\lambda,\ \bullet,\ \bigcirc\}$$

となり，同値関係 $q_1 \sim q_3 \sim q_7$，また，$q_4 \sim q_6$ が成り立つ．

◉―― 状態の合併で一般化をする

同値な状態同士を同じ一つの状態として合併する．またそうした状態から先の状態同士もすべて合併する．この過程で一般化(generalization)が起きる．新たなオートマトンは，今まで受理しなかった記号列も受理するようになる．例の場合は，合併作業をすると図 11.2 になる．

今度は，オートマトン A では新たに，q_0, q_1, q_1, q_1, q_1 という順で弧をたどることにより，●○○○が受理されるようになっていることがわかる．

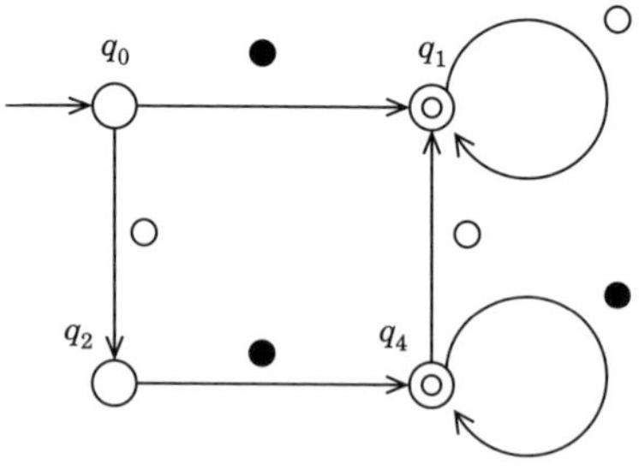

図 11.2　同値状態を合併したオートマトン A

図 11.2 をよく見ると，q_0 から q_1 へ行くには，●または，○●・●繰り返し・○であればよく，最後に○繰り返しがある．これは最初の L の正規表現そのままである．だから，

$$L(A) = L$$

である．うまく元の集合 L を推論できた．

これは BNF でもオートマトン A に対応した形で次のように書ける：

$\langle q_0 \rangle$ ::= ●$\langle q_1 \rangle$|○●$\langle q_4 \rangle$

$\langle q_1 \rangle$ ::= λ|○$\langle q_1 \rangle$

$\langle q_4 \rangle$ ::= λ|●$\langle q_4 \rangle$|○$\langle q_1 \rangle$

シンボル $\langle q_0 \rangle$ が表現する集合が L になっている．

L_0 という有限のものしか観測していなかったのに，無限集合 L を表す仕組みであるオートマトン A を獲得した．

◉—— なんか不思議

サンプル集合 L_0 を部分集合とする集合は無数にある．それなのに，なぜそのなかのただ一つである集合 L のオートマトン A が見つかったのだろう．不思議なことであるがどこかに仕掛けがある．

L および A が単純であるというのがそうなった大きい理由である．しかし別の集合 L'（たとえば L_0 を含むが●○○○を含まない集合）が，推論対象の集合だったら，ここでの A は間違いということになる．

この方法の立場は次のようなことである．もとの集合 L' で，そのサンプル集合 L_0 から A が得られている状況は，「集合 L_0 の要素が不足している」と考える．サンプルが十分増えたサンプル集合 L'_0 が得られたら，それを使って同様にオートマトン A' を作り，

$$L' = L(A')$$

とできる，と考える．

実際は，さらに L_0 が大きくなるにしたがって k 文字文脈の k を少しずつ増やして同値性を厳格化したりすることもある．

サンプル集合の無限列を使うと，この種のオートマトン獲得が極限的に可能であるということを数学的に定義できる．

◉―― 子供の言語獲得

上の話でわかるのは，少ないサンプルでも，数理的アルゴリズムが一定のモデルを獲得できるということだ．有限の範囲内ではそのモデルの正当性は保証されていない．しかし(間違っているかもしれないが)，そのモデルで入力を認識したり，出力を生成したりしてもかまわない．

人間に立ち返ってみると，2歳ころから5歳にかけて，3〜4年ほどで文法の骨格を習得してしまう．幼児はたくさんの大人の声を聞いて育つ，といっても今日の社会にあふれている情報から比べると微々たるものだ．幼児がことばを覚えるまでにどれくらいの文を聞くだろうか．たぶん10万から100万文だろう．それほど多い数ではない．途中の段階ではたくさんの間違ったモデルを作って，それを使いながら育つ．それでも最終的に精密な文法規則を習得するのである．

親や周りの人は幼児にことばを正しく教えていることはない．どんな大人もたいてい日本語文法学者ではないので，日本語文法を正しく教える力はない．しかし子供は誤りをただされなくても自然に覚える．

◉―― went goed went現象

人間がどのように言語を習得するかは，面白い問題だ．幼児が「わんわん」ということばを覚えて使っているのを観察すると，ある時期にはその対象には猫も含まれていたりする．こうした一般化は常にある．

「went goed went 現象」というものがある．英語の go (行く) の過去形は went である．英語圏で育つ幼児は数か月の間につぎのようになることが多い．まず went ということばを使い始める，そのあとそれを使わなくなり，goed という形を使うようになる．最後にそれを使わなくなり再度 went を使うようになる．

これを解釈してみる，第一段階はまだ過去形のモデルを作っていない段階である．大人の使った went を似た状況でまねて使っている．第二段階では，過去の規則的生成法，つまりもとの形に ed を付けるという方法をモデル化した段階である(実際は発音でいうと少し複雑で，清音の後では t，子音 t と d の後では id，それ以外は d を付ける)．幼児はそれを使って go に ed を付ける(発音で言うと d を付ける）．この段階は，上記のように A を獲得したが実際の L にはもっと不規則形が含まれていたということに相当する．第三段階は，went という不規則形を含むさらに精密なモデル化が完成して大人と同様になったということである．

◉――「あらない」

went ということばは面白くて，本来 go とは別のことばであった．それが go の過去形の位置にはまり込んだ．こういうものを補充形という．日本語でそのようなものがないかと探してみると，次の二つが見つかる．

「する」の可能形は，「しれる」「される」のような形ではなく，「できる」である．規則は，五段動詞では可能動詞という形で「書ける，飲める，行ける」というように eru が付く．一段動詞では未然形に「られる」(ら抜きなら「れる」)を付けた形で，「食べられる，見られる，覚えられる」などだ．

動詞の否定は，その未然形に助動詞「ない」を付ける．「食べない，飲まない，行かない」などだ．しかし，動詞「ある」の否定形は単に「ない」である．この「ない」は助動詞でなく形容詞である．規則通りなら「あらない」という形であるが，それは使わない．

ちなみに関西方言には「あらへん」，「あれへん」という規則通りの形がある．これは「ありはせぬ」から生まれたものであるからである．

このように「する」の可能形に「できる」が,「ある」の否定形に「ない」がはまり込んでいる.幼児が「しれる」とか「あらない」という時期があるかもしれない.これは文法規則を脳の中に生成しつつある証拠だ.そうしたことばを使う期間はとても短いものであり,それを通り越したら二度と起きない.育児中の読者は,子供の言語発達でのこのような現象を注意深く観察されるとよいだろう.

第12話　回文

――入れ子構造のしくみ

人のことばが複雑になっている大きい理由は，入れ子構造になっていることだ．文の中にさらに文が入っていてかまわない．一部が全体と同じ構造をしているわけでフラクタルといってもいい．

第 12 話では「回文」というものを考えよう．この入れ子構造だけを単純に取り出したものが回文だ．回文でさえもオートマトンで表すことができないことも述べる．

◉―― 回文あそび

回文とは上から読んでも下から読んでも同じになる語句である．トマトとか新聞紙(しんぶんし)，竹藪焼けた(たけやぶやけた)などが有名だ．ことば遊びという一つのジャンルがあるが，回文はその一角を占めている．「しゃれ」や「なぞなぞ」とは異なり，文字にこだわったことば遊びである．似たものとしては文字を並び替える「アナグラム」がある．

回文集の本もずいぶんたくさん出版されている．数 10 冊はある．タイトルが回文になっているものでも『またたび浴びたタマ』『分煙禁煙部』『野茂の物は野茂の物』などがある．

◉―― 回文を作る

いっぺんに回文を作るのはなかなか難しい．断片を少しずつ伸ばしていくとよい．ちょっとやってみる．まず種として「数学」ということばを使うことにする．すると，その逆順は「くがうす」だ．「ガウス」が含まれているのでしめた，と思う．

　…すうがく…くがうす…

つぎに,「く」を「書く」にしてみる.

…すうがくか…かくがうす…

「か」が出てきたので「数」にする.

…すうがくかず…ずかくがうす…

真ん中に「み」を入れると「数見ず書く」となってガウスらしくなる.「みな」も入れられる.

…すうがくかずみなみずかくがうす…

以上は内側に伸ばしていった.外側に伸ばすこともある.「軽く」を付けてみる.こうして

軽く数学数みな見ず書くガウス来るか

(かるくすうがくかずみなみずかくがうすくるか)

ができた.内容的にも天才数学者に合ったものになった.

◉—— マトリョーシカ

空間的に回文のような構造を持っているものに「マトリョーシカ」という人形がある(挿絵).こけしのような人形を開けるとさらに人形があり,それを開けるとまた人形がある.ロシアの土産物として有名である.その起源はどうも日本らしい.入れ子の人形が100年以上前にロシアへ伝わり名物になった.

マトリョーシカ(матрёшка)ということばのматрの部分は母という意味である．これは，印欧語族で変わることなく受け継がれてきたことばで，英語のマザー(mother)，ドイツ語のMutter，スペイン語のmadreなどと同じ起源である．マタニティ(maternity)もラテン語系のことばが英語に入ってきたものである．ёшкаの部分は指小辞である．結局マトリョーシカは「おかあちゃん人形」といったニュアンスだ．

「変わりマトリョーシカ」というのもあり，特にソビエト連邦・ロシアの主だった指導者が順に入っているものが有名で，外側がプーチンで，それを開けるとエリツィン・ゴルバチョフ・ブレジネフ・フルシチョフ・スターリンというように入っていて，芯の人形がレーニンだったりする．それに棒を刺し通してそれに触れるものを順に書くと，プエゴブフスレスフブゴエプというように当然回文になる．

◉── アルファベットの回文

日本語では，仮名を使って回文を作る．中国だと漢字を当然使う．漢字には意味があるので，ある意味で回文が作りやすい．欧米であれば，アルファベットを使って回文を作る．その際，スペースやコンマを無視する．そうしないと回文を作るのはほとんど不可能だ．

一つの英語の回文を紹介する．しかも面白いクイズになっている．アダムとイブの会話で，アダムが言う：

　Madam, I'm Adam.

　(マダム，わたしがアダムです)

このときイブは何と答えたか(答えは第12話の最後に)．

ローマ字などのアルファベットで表記する言語はとても多い．しかもそうした言語は，発音とアルファベット表記がほぼ一対一対応することも多い．そうすると面白いことに，回文を録音したものを逆順に再生すると，似た音が出てくる．

英語の場合，つづり字の表記と発音とは著しくずれているのでこのことは不可能である．日本語のローマ字表記についてはかなりぴったり発音に対応しているので，逆順再生をしたら聞き取れるであろう．

日本語のローマ字の回文をいくつか作ってみた．日本語は開音節といって，語の終わりが母音である(n を除く)．そのため，ローマ字の回文はアイウエオ(およびナニヌネノ)で始まることになる．

attakakatta (あったかかった)

attakaninakatta (有った蟹無かった)

asasakasasa (朝逆さ さ)

nekonokonoken (猫の子の券)

ikakakaki (烏賊か牡蠣)

最後のものは高低アクセントも回文になっている．つまり●を高，○を低とすると，○●●●○となっているので逆に再生したらほとんど同じに聞こえるだろう．

◉—— さかさまことば，逆順の記号列

回文に関係するものとして，逆順の記号列がある．これを用意しておくと，回文も理解しやすい．

子供のころ，「手袋を逆に言って」といっておいて，相手が「ろくぶて」というと，6 回ぶつ，という遊びをしたことがあるだろう．逆順の記号列は，「さかさまことば」のことであり，これもことば遊びの一つだ．普通の文章を逆順に読むと，怪しいひどい文言が出てくることば遊びは何度もブームになった．

記号列 x の逆順を $\mathrm{rev}(x)$ と書くと，

$$\mathrm{rev}(a_1 a_2 \cdots a_n) = a_n \cdots a_2 a_1$$

である(a_i は記号)．これを再帰的に定義すると，

$$\mathrm{rev}(\lambda) = \lambda,$$

$$\mathrm{rev}(a \cdot x) = \mathrm{rev}(x) \cdot a$$

と書ける．ただし λ は空列，a は記号，x は記号列である．「・」は記号列をつなぐ連接(concatenation)の演算子である．連接は，普通の乗算と同様，省略して書くことができる．すなわちこの意味は，

1. 空列の逆順は空列，
2. 先頭が a で残りが x である列の逆順は，x の逆順のあとに a を付けたもの，

ということである．

この定義を直接，多くのプログラム言語でアルゴリズムとして書くことができる．ところが，記号列のようなデータ構造はその先頭(左端)にしかアクセスできない，一次元リンクトリスト[1)]になっていることが多い．そうすると上の2行目の連接のところが記号列 x の長さ (N) に比例する手間がかかってしまう．全体としては，N^2 の計算量がかかることになり，効率的ではない．

そこで第二の引数を用意して，次のように定義する．

$$\mathrm{Rev}(\lambda, y) = y,$$
$$\mathrm{Rev}(a \cdot x, y) = \mathrm{Rev}(x, a \cdot y)$$

そして $\mathrm{Rev}(x, \lambda)$ で x の逆順を計算する．第一引数に逆順にしたい記号列を入れる．第二引数は途中までの逆順データを保持する領域である．これを使えば N に比例する計算量しかかからない．

逆順についていろいろな式を考えるのも面白い．記号列 x, y に対して，当たり前だが，

$$\mathrm{rev}(\mathrm{rev}(x)) = x,$$
$$\mathrm{rev}(x \cdot y) = \mathrm{rev}(y) \cdot \mathrm{rev}(x),$$
$$\mathrm{rev}(x^n) = \mathrm{rev}(x)^n$$

となるのがわかる(x^n は x を n 個並べたもの)．

◉—— 回文の定義

回文は次のような記号の列である．

$$a_1 a_2 \cdots a_n a_n \cdots a_2 a_1 \quad \text{または} \quad a_1 a_2 \cdots a_n a_{n+1} a_n \cdots a_2 a_1$$

このうち，前者は「芯」がないもので，記号の数は偶数である．後者は芯が a_{n+1} であり，記号の数は奇数だ．

回文は，逆順を使って定義できる．つまり

$$\text{記号列 } x \text{ が回文である} \Longleftrightarrow x = \mathrm{rev}(x)$$

となる．また，

1) linked list，要素と次データへのポインタとのペアで，芋づる式に列をコンピュータ上に記述したデータ構造．

記号列 x が回文である

$\Longleftrightarrow x = y \cdot \mathrm{rev}(y)$ または $x = y \cdot a \cdot \mathrm{rev}(y)$

となる記号列 y，記号 a がある

と書ける．

回文を再帰的に定義することもできる．すなわち，

記号列 x が回文である

$\Longleftrightarrow x = \lambda$，$x = a$ または $x = a \cdot y \cdot a$ と書ける．ただし a は任意の記号，y は回文である．

◉── 回文の集合とBNF

回文の集合を BNF で表すと，下のようになる．ただし，ここで記号は a と b だけだとしている．もっと記号が多くてもパターンを繰り返せばよいだけである．

$$\langle 回文 \rangle ::= \lambda | a | b | a \langle 回文 \rangle a | b \langle 回文 \rangle b$$

これは上記の回文の再帰的定義に基づいている．これをそのまま読むと，「回文とは，空列，記号 a，記号 b，回文の両側に a を付けたもの，回文の両側に b を付けたもの，のどれかである」ということだ．

逆順 $\mathrm{rev}(x)$ は BNF にうまく合わないので入れられない．BNF つまり文脈自由文法で，右辺に λ があることを許さないことが多い．その場合は λ の代わりに，$aa|bb$ を書いておけばよい．

この BNF を集合表現で書けば，回文の集合を S とすると，

$$S = \{\lambda, a, b\} \cup \{a\} \cdot S \cdot \{a\} \cup \{b\} \cdot S \cdot \{b\}$$

となる．ここで「・」は連接を集合間に拡張したものであり，要素同士の連接結果の集合を表す．

この S を具体的に書けばもちろん，

$$S = \{\lambda, a, b, aa, bb, aaa, aba, bab, bbb, aaaa, abba, \cdots\}$$

のようになる．

◉── 回文の集合はオートマトンで表現できない

回文の集合はそれほど複雑な集合でなく，このように簡単に表現できる．と

ころが，すべての回文の集合は有限状態オートマトンで表現できないのである．このことを証明する．

第11話で述べたように，オートマトンでは，有限個の状態の空間のなかを遷移していくことで，記号が時間順に一つ定まる．始状態からスタートし，次の状態へ行く(状態遷移)ごとに記号が一つ決まる．これを繰り返し終状態に至る．そこまでの記号を並べた列が，オートマトンに受理される記号列である．オートマトン A に対しそうした記号列の集合 $L(A)$ が定まる．それをオートマトン A が集合 $L(A)$ を表現している，というわけであった．

では，$L(A)$ がすべての回文の集合であるようなオートマトン A が存在するのだろうか．ここにそのようなオートマトンが存在しないことを証明する．

証明　今すべての回文の集合を表現する有限状態オートマトン A があったと仮定する．このオートマトンの状態の数を N とする．記号 a の両側に N 個の記号 b があるような記号列 $b^N ab^N$ を考える．

これは左右対称なので回文であり，オートマトンが表現する記号列集合 $L(A)$ に含まれる．そうするとこの文字を順に生成しながら，始状態 q_0 から終状態に至る経路が存在する．その経路の状態遷移の列を

$$q_0, q_1, q_2, \cdots, q_N, q_{N+1}, \cdots, q_{2N+1}$$

とする．すなわち，q_0 から q_N までで b を N 個生成する．q_N から q_{N+1} で a を生成する．q_{N+1} から q_{2N+1} までで再び b を N 個生成する．そして q_{2N+1} は終状態である．

ここで q_0 から q_N までで状態が $N+1$ 個ある．ところがオートマトンの状態数が N であるので，q_0 から q_N までの間に同一の状態のペアが少なくとも一組存在する．それを q_i, q_j $(i<j)$ とすると，$q_i=q_j$ である．そこで，その間を「中抜き」した状態遷移列

$$q_0, q_1, q_2, \cdots, q_{i-1}, q_i, q_{j+1}, q_{j+2}, \cdots, q_N, q_{N+1}, \cdots, q_{2N+1}$$

を考える．すると，これも，始状態から終状態への経路である．よって，この経路上の記号を並べた列，

$$b^{N-(j-i)}ab^N$$

はオートマトンが表す記号列集合 $L(A)$ に含まれる．

しかしこの記号列は，a の両側にある b の数が異なるので回文でない．これは矛盾である．よって最初の仮定(つまりオートマトン A の存在)が否定され

た．（証明終わり）

直観的に言うと，文が正しく回文であると判定するためには，回文の最初の半分をちゃんと覚えていなければならない．左側の記号列を覚えていて，右側の記号列に対して合っているか調べなくてはいけない．いくらでも長い回文が存在しうるので，有限個の状態では，覚えきれないのである．

オートマトンで表せるかどうか

それでは，有限状態オートマトンで表現できるような集合はどんなものだろうか．BNF 表現で言えば，左辺には，記号だけのパターン，または記号のあとに非終端記号が一つあるパターンだけが許される．たとえば，それぞれ一つずつある形なら，

$$\langle S \rangle ::= a|b\langle S \rangle$$

という形になる．集合で書けば，

$$S = \{a\} \cup \{b\} \cdot S$$

である．この集合に含まれるかどうかの判定に，b がいくつ出てきたか覚えていなくてよいのである．これはさらに

$$S = \{b\}^* \cdot \{a\}$$

という正規表現で書ける．これは，始状態から始状態の遷移に b，始状態から終状態の遷移に a があるようなオートマトンになる．これは本質的には入れ子構造ではないということである．

右辺の $\langle S \rangle$ の後に c がある形

$$\langle S \rangle ::= a|b\langle S \rangle c$$

は，上記の許されるパターンから逸脱している．この集合に含まれるか判定するためには，b の個数を覚えていて，c の個数と一致するか見なければならない．そのため正規表現やオートマトンで表せない．こちらは本質的に入れ子構造が存在するということである．

末尾再帰

コンピュータ科学では，末尾再帰(tail recursion)というものがある．関数が

再帰的である，すなわち自分を呼び出しているとき，それが実行の最後にあるならば，再帰的でない記述が可能である，ということだ．

関数 s の再帰的なコードが

```
s( ){
    if (判定条件)a を行う;
    else{
        b を行う;
        s( )を呼び出す;
    }
}
```

だったとすると，これは非再帰コード

```
s( ){
    repeat until (判定条件){
        b を行う;
    }
    a を行う;
}
```

に書き換えられる．この二つのプログラムは上記の S の集合表現に対応している．前者が S の再帰表現の式，後者が S の正規表現である．a, b などの記号はプログラムのアクションであり，両プログラムのとり得るアクション列は $a, ba, bba, bbba, \cdots$ で，同じである．

回文では，中の入れ子は一つである．一方，数式も入れ子構造であるが入れ子が二つ以上存在しうる．第13話はこうした数式の構文構造を述べる．

最後に以前作ったパズルを一つ出す．短歌は，上の句17文字，下の句14文字，計31文字でできている．今，一つの短歌があり，上の句と下の句がそれぞれが回文であり，また短歌全体も回文になっている．どんな短歌だろう．

（アダムとイブのクイズの答え：イブは自分の名つまり「Eve」という回文を言った．）

第13話 数式の文法

——掛け算が足し算より先に結びつくしくみ

第 12 話は回文を使って入れ子構造を考えた．自然言語でも人工言語でも，その表現力のためには入れ子構造が必要である．第 13 話は数式の文法を見てみよう．数式もことばであり，その入れ子構造になっている．そのなかに，掛け算が足し算より先に結びつくことなどが表現される．

◉——第12話のパズルの答

短歌 31 文字について，上の句 17 文字も下の句 14 文字も回文であり，また短歌全体が回文になっている．どんな短歌か，という問題であった．i 番目の仮名を a_i と書くと，

$$a_1 = a_{17},\ \ a_2 = a_{16},\ \ a_3 = a_{15},\ \ \cdots,\ \ a_8 = a_{10},\qquad \text{(上の句の条件)}$$

$$a_{18} = a_{31},\ \ a_{19} = a_{30},\ \ a_{20} = a_{29},\ \ \cdots,\ \ a_{24} = a_{25},\qquad \text{(下の句の条件)}$$

$$a_1 = a_{31},\ \ a_2 = a_{30},\ \ a_3 = a_{29},\ \ \cdots,\ \ a_{15} = a_{17}\qquad \text{(全体の条件)}$$

なので，全部の仮名が等号で連結され，全部同じ仮名になってしまうのだった．本来入れ子がずれて重なることはないが，そうなるとこうしたへんなことが起きる．

◉——文法の役割

これから数式を文法で表してみるが，まず文法の役割について述べる．形式文法（オートマトンも同様）は，一つの記号列の集合を定める．このことが文法のおもな役割であった．その集合の要素は，文法に従った正しい記号列であり，「文」とよばれる．

さらに BNF（つまり文脈自由文法）では，これに加えて，文の中の部分記号列のまとまり方を示すという役割がある．たとえば，数式 1−2+3×4 では

$1-2$ や 3×4 はまとまるが，$2+3$ はまとまらない．記号列が文であることを判定する過程は，構文木というものを作って示される．そのなかで構文木の枝(部分木という)になっていることで，部分記号列のまとまりがわかる．

◉—— 簡単な数式の文法

実際に人が使う数式は2次元的で複雑である．分数は上下に分母分子があるし，べき乗は字を小さくして上にずらす．また積分や Σ では上下にパラメータが配置される．ここではそれらは大変なので，とても簡単な数式で説明することにする．演算子は四則だけで，数も数字1桁だけとし，かっこは1種類だけとする．たとえば，$1-2+3\times(4+5)$ のような式である．それだけでも数式の本質的性質を持ち，面白い点がいくつもある．またプログラム言語のなかの数式と考えてもよい．このような数式を表す文法(BNF)をボトムアップに作ってみよう．

たとえば式が $A-B$ の形になっているときに A や B のところにまた式が入る．これが再帰的に繰り返され，入れ子構造になる．回文のときはなかに入る入れ子が一度に一つしかなかったが，中にある入れ子が二つにもなる．A と B が入れ子であるわけだ．

◉—— 左側の計算を右側より先に

この $A-B$ をBNFで〈式〉〈加減〉〈式〉という形で理解してみると，全体では次のようになる．

〈式〉::=〈数〉|〈式〉〈加減〉〈式〉
〈加減〉::= ＋|−
〈数〉::= 0|1|2|⋯|9

これでたとえば $1-2$ を分析してみると，BNFの左辺のシンボルを右辺のうちの一つに置き換えていき，

〈式〉⟹〈式〉〈加減〉〈式〉
⟹〈数〉〈加減〉〈式〉
⟹1〈加減〉〈式〉
⟹1−〈式〉⟹1−〈数〉⟹1−2

というように到達できる．したがって1−2は文である．この過程は冗長なので普通は下のような構文木というものでこれを表す(図 13.1)．構文木が存在すれば，その記号列は文である．

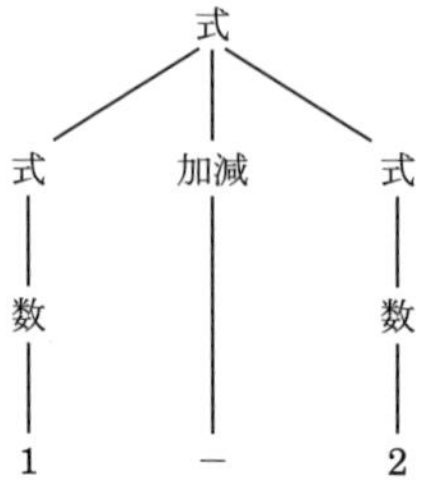

図 13.1　構文木の例

ところがこの BNF の場合，1−2−3 を分析するとへんなことが起きる．構文木が二つできてしまう．これはそのまとまり方により，(1−2)−3 と 1−(2−3) の両方を意味している．こういうものを曖昧性という(「黒い目のかわいい女の子」の話のときには大量に出てきた)．

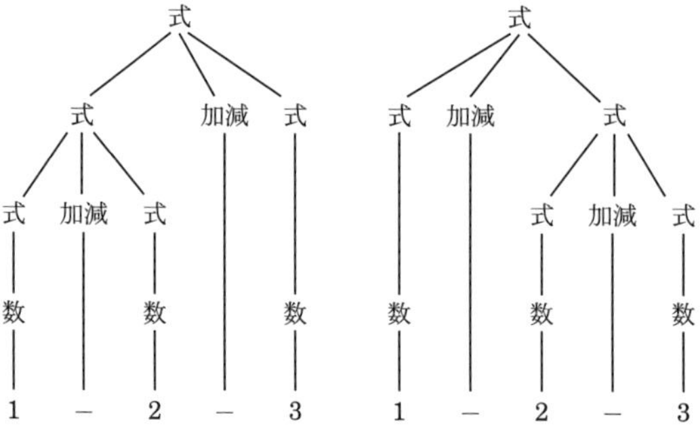

図 13.2　2 つの構文木

プログラム言語のような人工言語や数式などの数理的な言語ではこの曖昧性は困ることである．

この例の場合の曖昧性の原因は，〈式〉〈加減〉〈式〉のなかの右側の〈式〉が四則を生成してしまったからである．上の BNF の 1 行目を，

〈式〉::=〈数〉|〈式〉〈加減〉〈数〉

とすることによりこれが防げて，二番目の形の構文木が生じないようにでき，

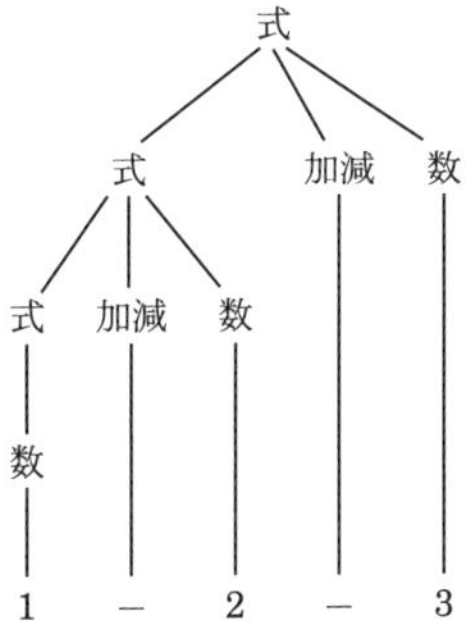

図 13.3　1 つの構文木

図 13.3 の木だけが可能になる．これで $1-2$ のところが先にまとまるようになる．そのまとまり通りに計算すれば，値が -4 になるわけだ．

◉―― 掛け算を足し算より先に

次に掛け算と割り算を加えてみる．上の BNF の 2 行目を

〈加減〉::=　+|−|×|/

とすればよいかというと，うまくいかない．$1-2\times 3$ という式で $1-2$ が先にまとまってしまう．

上のBNFで，〈数〉のところを，掛け算を許す形に変えればよいのである．足し合わせるタネはたいてい「項(term)」ということばを使う．この項が掛け算や割り算の結果であるとすればよい．同じ仕組みで左側の掛け算や割り算を先に計算するようにするには，

〈式〉::=〈項〉|〈式〉〈加減〉〈項〉

〈項〉::=〈数〉|〈項〉〈乗除〉〈数〉

というように2段階にすればいい．

◉—— かっこの導入

望むような順序で計算するためにはかっこが必要である．(3+4) といった形は，つながりが強固であり，上の〈数〉のところに，数と同様に配置できる．

またかっこの中には，どんな式でも書くことができる．したがってかっこの形式は(〈式〉)と書ける．

〈数〉と(〈式〉)とをまとめて「因子(factor)」とよぶことにしよう．それらが掛け合わせるタネになるからだ．以上を全部まとめると，

〈式〉::=〈項〉|〈式〉〈加減〉〈項〉

〈項〉::=〈因子〉|〈項〉〈乗除〉〈因子〉

〈因子〉::=〈数〉|(〈式〉)

〈加減〉::= +|−

〈乗除〉::= ×|/

〈数〉::= 0|1|2|…|9

となる．この文法で1−2×(3+4) の構文木を作ると図13.4 (次ページ)のようになり正しく入れ子構造を表しているのがわかる(ここで開きかっこと閉じかっこはあくまでも記号であることに注意)．

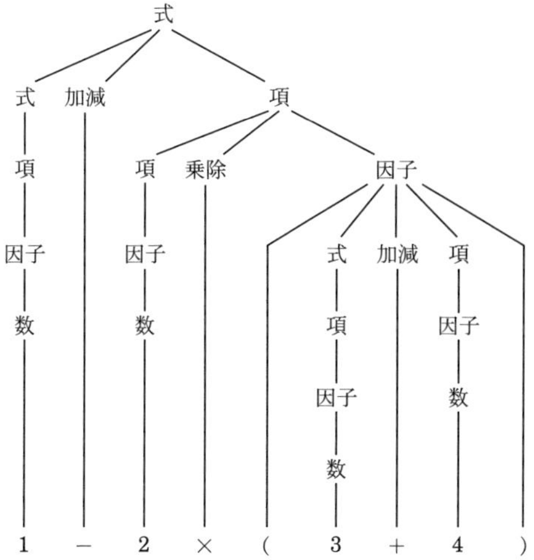

図 13.4　かっこを含んだ式の構文木

◉―― 一般の数式

以上で基本的な数式のしくみを述べた．一般の数式では複雑なことがいろいろある．割り算 $\bigcirc/\square$ と分数 $\dfrac{\bigcirc}{\square}$ は文法的にみると機能的に異なっている．$\dfrac{1+a}{b-3}$ でわかるように分母と分子には式を書くことができる．一方，前述のBNF にあるように，/ の両側に式を書くことはできない．$1+a/b-3$ と書くと違う意味になってしまうので，同じ意味にするなら，$(1+a)/(b-3)$ というようにかっこを使う必要がある．

われわれの使う数式では掛け算の記号を書かず，ただ連接することが多い．たとえば $3\times a$ を $3a$ と書く．ところが記号の連接にはさまざまな使い方がある．一つは帯分数だ．$3\dfrac{1}{2}$ は，3 と $\dfrac{1}{2}$ が連接しているが掛け算でなく $3+\dfrac{1}{2}$ である．では $3\dfrac{\sin x}{x}$ と書いたら何を表すのだろうか．また，$1/3a$ と書くと，これは $1/(3a)$ なのか $(1/3)a$ なのか．

絶対値の式 $|a-3|b+4|c-5|$ が示すのは $(|a-3|\cdot b)+(4\cdot|c-5|)$ なのか，$|a-(3\cdot|b+4|\cdot c)-5|$ なのか．厳密に定義しようとすれば，どちらかわからない式がいくつも見つかる．

◉── プログラム言語と数式

今日のディジタル・コンピュータ，つまりフォンノイマン型コンピュータは1940年代に黎明期を迎え，1950年前後にはまともに動作するようになった．そのころプログラムは機械語やニーモニック(今でいうアセンブラ)で書かれていて，ほとんど格納される命令列そのものであった．数式をコンピュータに入れることはできず，数式理解は人間だけができる高度な知能であると思われていたわけだ．

数式をコンピュータに計算させるということが望まれ，その後まもなく研究が始まり，1960年前後にはプログラム言語が出来上がる．人間の考えている数式にほぼ対応する形でプログラムを書くことができるようになった．これは画期的なことだった．代表的な言語がFORTRANであり，その名前はformula translatorから来ている．そののち，algol, Pascal, COBOL, BASIC, Cなどが続いた．いずれにせよプログラム言語の重要な部分が数式の扱いだった．

◉── インタープリタとコンパイラの動作

プログラム言語にはインタープリタ(interpreter)とコンパイラ(compiler)という2種類がある．

インタープリタはプログラムを解釈してそこに書いてある通りのことを実行するシステムだ．BASIC言語やPythonはインタープリタである．

コンパイラはプログラムを機械語の命令列に変換するシステムである．その機械語の列が動作する．C言語など効率的な言語はほとんどコンパイラである．

両者の数式がどう扱われるか，直観的に説明しよう．図13.4のような構文木で考える．その部品としては，

- 末端であって単に数 v があるだけ
- 枝分かれしていて，その先に次のものがある：左の部分木 l・演算子 o・右の部分木 r

という2種に分けられる．実際に構文木がコンピュータ中に存在しなくても，木のなかの位置に対応する状態が作れればいい．

インタープリタでは構文木 t に対してその値 $f(t)$ を計算すると考えれば，$f(t)$ は次のように書ける．

if (t が末端)　$f(t) = v(t)$

else　$f(t) = o(l(t), r(t))$

このことがプログラムの動作時に計算される．

コンパイラでは構文木 t に対して，対応する機械語の命令列 $m(t)$ を作り出す．$m(t)$ は次のように書ける．

if (t が末端)　$m(t) =$ [$v(t)$ を保存する，という列]

else　$m(t) =$ 次の3つのものを並べた列：

$m(l(t))$,

$m(r(t))$,

[前2者の保存物を L と R に取り出し，$o(L, R)$ を求めて保存する，という列]

これにより数式はその木 t を経由して機械語命令列が再帰的に作り出される．なお，保存のところは，データが重なっても消えないスタックのようなデータの仕組みが必要である．

◉―― 逆ポーランド記法

数式の文法がすこし面倒になったわけは，数と数の間に演算子を置く中置記法のせいである．演算子を後(右)に置く記法(後置記法)を逆ポーランド記法という．

なお(順)ポーランド記法は，演算子を最初に置く．演算子を関数形式で書き，かっこを取り除いたものと同じである．

たとえば，逆ポーランド記法で1−2+3×4は，

1　2　−　3　4　×　+

と書く．その文法はとても簡単で，

〈式〉::=〈数〉|〈式〉〈式〉〈演算子〉

だけである．

面白いことに，上の数式は日本語の語順でそのまま読める．動詞を使って読むと，

1から2を引いたものと

3に4を掛けたものを足したもの

となる．名詞を使うと

1と2の差と3と4の積の和

となる．このようにすっきりしていて気持ちが良い．デファクト・スタンダードといって，普及したものが標準になるということがある．仮に使いにくくてもである．慣れてしまうと変えるのが困難なのである．コンピュータのキーボードのアルファベット配列がその例だが，われわれが使っている中置記法の数式表現も，ヨーロッパ文明が作ったデファクト・スタンダードかもしれない．

◉——逆ポーランド記法電卓を作る

逆ポーランド記法はこのように簡単なので，その動作を行わせて電卓のようにすることも容易である．順に入ってくる入力 i に対して次のように実行すればよい．

入力には，数値，四則などの演算子，印刷指令（=）を許すとしている．

if (i が数)　i を保存

else if (i が演算子)

　　　　二つの数 y, x を取り出し $i(x, y)$ を計算し保存

else if (i が "=")　数を取り出し，表示

ここで保存・取り出しは，スタック操作のプッシュダウンとポップアップのことである．数の配列を s とし，そこまでのデータが s[0] から s[p-1] までに入っていて，s[p] をこれからデータを保存する場所とする（p をスタックポインタという）．すると，x をプッシュダウンするコードは

```
s[p]=x;    p=p+1;
```

のようにすればよい．x へポップアップすることは

```
p=p-1;    x=s[p];
```

とすればよい．（なお，C 言語などではそれぞれ

```
s[p++]=x;  また  x=s[--p];
```

というように1行で書ける．）

これはとても簡単なので，プログラミング実習の課題として最適だと思う．配列や入出力，分岐など基本的なものがすべて出てくるし，出来上がったもの

が一定の複雑さを持っているので達成感がある．それから，各種関数を加えるなど，生徒が創意工夫をいくらでもつぎ込めるような課題でもある．

情報の教科などでプログラミングを教えることがあるなら，ぜひ「逆ポーランド電卓」をテーマにすることをお勧めする．

演算子が中置か後置かというのは，日本語や英語の語順とも少し関係がある．主語(S)や目的語(O)が動詞(V)とどう並ぶか，英語なら SVO だが日本語なら SOV である．第 14 話はそのような語順から話を進めたい．

第14話 語順と助詞と格

──「大阪」が「大崎」になる？

第 13 話は数式の構文の話をした．演算子を真ん中に置くと普通の中置記法だが，最後に置くと逆ポーランド記法になり，動詞が最後に来る日本語の語順と同じになるのだった．

第 14 話はこうした自然言語の語順を見てみる．また，実際の自然言語の文では，語句の役割を決めるのには，語順だけでなく，助詞や格変化など，ほかの様式もある．

◉── 主語と目的語の語順

文の中でもっとも重要なのが動詞(verb)と主語(subject)であり，その次に大事なのが目的語(object)だ．それぞれ順に V, S, O と略して書くことが多い．

猿がイカを食べる．

A monkey eats a squid.

のような文である．この三つの要素がどう並べば文になるかは，語順として $3! = 6$ 通りある．つまり，

SVO, SOV, VSO, VOS, OSV, OVS

である．この並びで端的に言語の語順を見る．日本語はSOVの順，英語はSVOである．

世界中の言語を見渡すと，案外SOVが多い．われわれが外国語として習う言語はSVOが多いが，この二つが圧倒的であり，それぞれ半分弱の割合である．三番目に多いのがVSOであり，残りの三つは少ない．

外国語というと英語などのヨーロッパのことば，また中国語がわれわれ日本人にとって身近である．これらがSVO型なので，日本語はSOVで孤立していると思いがちであるが，そうでもない．

◉―― 修飾語と被修飾語の語順

どのことばがどのことばにかかるかという関係，つまり修飾関係でもう少し詳しく観察してみる．日本語はかかることば(修飾語)が先で，そのあとにかかられることば(被修飾語)が来る言語である．

上の例ではSやOがVにかかっている．それ以外も含めて，二つのものの修飾関係として典型的なものには表14.1がある．表の中で，○印は修飾語・被

表14.1　4か国語での語句ペアの語順

つながるもの	日	英	中	フ
主語・動詞	○	○	○	○
目的語・動詞	○	×	×	△
修飾動詞・非修飾動詞	○	×	×	×
動詞・助動詞	○	×	×	×
連用句・動詞または文	○	×	○	×
副詞・動詞または文	○	△	△	△
従属文・文	○	△	○	△
形容詞・名詞	○	○	○	×
修飾名詞・非修飾名詞	○	○	○	×
連体修飾句・名詞	○	×	○	×
連体修飾文・名詞	○	×	○	×
名詞・助詞	○	×	×	×
文・接続助詞	○	×	△	×

修飾語の順に来ることを示す．×印はその逆である．△は両方ありうることを示す．○印には，助詞や接続助詞が後にくることも含めてある．日，英，中，フはそれぞれ日本語，英語，中国語，フランス語である．

それぞれの修飾対の日本語例を示す．修飾動詞・非修飾動詞とは「歩き・始める」「食べに・行く」などである．動詞・助動詞には「食べ・させる」「食べ・られる」，連用句・動詞には「学校で・勉強する」「庭に・いる」，副詞・動詞には「ゆっくり・食べる」「すぐに・くる」，従属文・文には「学校から帰ったあと・寝た」「面白いので・よく見る」，などがある．

形容詞・名詞には「大きい・猿」「赤い・リンゴ」，修飾名詞・被修飾名詞には「森林・公園」「数学・セミナー」，連体修飾句・名詞には「太郎の・リンゴ」，「公園の・猿」，連体修飾文・名詞には，「頭が大きい・理由」「リンゴを食べた・猿」，名詞・助詞には，「大阪・に」「箸・で」，文・接続助詞には「学校から帰った・あと」「面白い・ので」といった例がある．

日本語から見て英語，中国語，フランス語は逆順で，被修飾語・修飾語となる傾向が強い．それが一番強いのがフランス語で，次が英語，中国語の順である．

フランス語の語順は英語に似ているが，「chat noir」(黒猫)の chat (猫)と noir (黒い)のように形容詞が後に来ることが多い．例外としては逆に，「Je t'aime」(わたしはあなたが好き)の「t'」(あなたを)のように，代名詞の目的語が動詞の前に来ることがある．

「赤いリンゴ」は英語では「a red apple」であるのに対し，「赤かったリンゴ」は「an apple which was red」となって語順が変わってしまう．前者は単純な形容詞，後者は関係節が修飾している．日本語では，両方とも連体句が修飾している，単一の形式である．中国語の語順はよく英語の語順に似ているといわれるが，日本語に似ている面も強い．この例でも中国語も修飾句が単純に先に来る．

英語で前置詞(preposition)に対応する日本語のことばは助詞である．両者は，「大阪・に」と「in Osaka」のように語順が違うだけである．まずは同じように理解することが大切だ．前置詞を助詞と言ってもよいし，助詞を後置詞(post-position)と言ってもよいわけで，英語と国語の授業では両者を対比的に理解するのがいいと思う．

◉―― 東アジアのことばの語順

日本語のように修飾語が先で被修飾語が後ということばは，日本からみるとまず北西方向に広がっている．まず隣の韓国語，それから満州語(清朝を建てた満州族の言語)などのツングース語族，モンゴル語，トルコ語，それから中央アジアを南に下がって，シナチベット語族であるがチベット語・ビルマ語，印欧語族であるがヒンドゥー語などのインドのことば，タミル語などのドラビダ語族のことばである．

逆にその東側ではインドシナ半島からその東や南の島々にかけて，被修飾語が先で修飾語が後である逆順のことばがまとまっている．まずはフィリピンからインドネシアにかけてのオーストロアジア語族のことば，それからベトナム語，カンボジア語，タイ語である．

中国語は両者の中間であるが，方言を見ると南にいくほど逆順になっている．また時代をさかのぼるほど逆順になる傾向がある．もともと逆順だったのが，金，元，清などいくつかの北方系の征服王朝をへて，日本語的な語順にいくらか変化していったのかもしれない．

語順からみると，日本語の系統は北方系であることを示唆している．

◉―― 日本語の語順の例外

日本語では圧倒的に修飾語が先で被修飾語が後である．そうでない例があるか考えるが少ししか見つからない．一つは名詞・数詞という形式で，「猫３匹」「ガソリン１リッター」などである．これらの中心となる語は猫やガソリンなのでそれが被修飾語である．日本語では数詞の語順が複数あるので述べておく．少なくとも三つある．

　猫３匹が鳴いている．

　３匹の猫が鳴いている．

　猫が３匹鳴いている．

最後のものは，数詞が名詞から独立して直接用言にかかる．「猫が今３匹鳴いている」と言えるので独立していることがわかる．数詞が独立できるためには，対応する名詞が「が」か「を」で用言にかかっていることが必要である．

　猫を３匹飼う

とは言えるが，

猫に3匹えさをやる

とは言えない(えさが魚だったりするとそっちが3匹ということになる).

ほかの修飾が逆になる例はなかなか思いつかないが気がついた例としては「梅干し」「ホテルオークラ」「首都大学東京」がある．それぞれ「干し」「オークラ」「東京」ではなく，「梅」「ホテル」「大学」であるわけだ．首都大学東京はこのようなまれな例であるのに，もとの東京都立大学にもどるようなので少し残念だ.

◉—— ポーランド記法と日本語の語順

逆ポーランド記法で「3−1」を書くと，

3　1　−

となり日本語の，

3から　1を　引く

と一致するのだった．しかし日本語の場合

1を　3から　引く

とも言える．このように修飾句の間の語順は日本語では決まっていない．選好がある程度あるだけである.

文での名詞の役割は，もっぱら助詞(格助詞)が決めている．その点，逆ポーランド記法と日本語とは異なるのである.

「イカを猿が食べる」とも言えるので OSV の語順もありうる．主語を先にいうという選好があるため SOV だと言っているにすぎない．さらに「箸で」「ハンモックで」が付け加わると連用修飾句が四つになる．これらの間の語順は自由であるので，4! = 24 通りの語順があることになる.

◉—— 修飾関係の文法

日本語の場合，主語や目的語は，ほかの連用修飾句に比べて文法的にそれほど特別ではない．同様に用言(動詞など)にかかるだけである．そして動詞単独でも文であり，それにいくつでも連用修飾句が付いてもよい．これを BNF で書くと，

〈文〉::=〈用言〉|〈連用修飾句〉〈文〉

となる．これを集合の方程式で書くと，文，用言，連用修飾句の集合を X, M, V とすると，

$$X = V \cup M \cdot X$$

と書ける．これを解くと，

$$X = M^* \cdot V$$

となる．フランス語のように修飾・被修飾の語順が逆なら，左右反転し，それぞれ

$$X = V \cup X \cdot M$$

$$X = V \cdot M^*$$

となる．

◉――文の中の役割を指定する方式

それでは名詞からなる修飾句が，動詞などの修飾先に対してどんな役割を持つか，ということはどう定まるのだろう．上で述べたように日本語では，助詞がその役割を果たしている．

いろいろな言語を見渡すと，修飾句の役割の決め方には，おもに，語順・格変化・助詞の三種類あることがわかる．

まず典型的な役割として次の四つのものを取り上げよう(表14.2)．

行為の行為者や，属性の主体を示す(行為者)

事物の所有者などの関連物を示す(関連)

行為の結果を与える先を示す(相手)

行為により変化する対象を示す(対象物)

ちょっとわかりにくいが，日本語の助詞で言うとそれぞれ「が」「の」「に」「を」

表14.2　名詞の役割の表現

方式	言語	行為者	関連	相手	対象物
助詞	日本語	Nが	Nの	Nに	Nを
語順	英語	動詞直前	N's および of N	動詞直後 to N	その後 動詞直後
格変化	ドイツ語	一格 (主格)	二格 (属格)	三格 (与格)	四格 (対格)

に相当する役割である．二番目のものは修飾先が名詞である(連体修飾)．それ以外は修飾先が動詞である(連用修飾)．

日本語では行為者，相手，対象物を表すのには格助詞「が」「に」「を」を用い，「わたしが彼に手紙を送った」のようになる．英語では，二つ形がある．

I sent him a letter.

I sent a letter to him.

前者の形では相手が代名詞である必要があり，対象物のところが代名詞でない必要がある．後者はいつでも使える．

英語ではこの四つの形式について，主格，所有格，間接目的格，直接目的格ということばを使う．

◉—— 格変化

印欧語族とは，インドからヨーロッパまで広がった一つの起源から出発したグループである(詳細はまた後に述べる)．印欧語族はさまざまに形が変わる名詞のシステムを持っていて，それを「格変化」(declension)という．「曲用」ということもある．その一つ一つの語形を「格」(case)という．格の種類は最大8種くらいあった．歴史の年代を経るにしたがって減る方向にあるが，ロシア語では今日でも6格ある．ドイツ語では上記の4格がある．ラテン語やギリシャ語でもその程度の格があり，名詞の役割を表現してきた．

さらに名詞には単数・複数の区別があるので，学習者は格の数×2種の語形を覚えなければならない．また変化のパターンは男性・女性・中性の区別があり，そのなかにも不規則変化する名詞もある．形容詞や数詞なども名詞につれて変化する．日本人から見れば学習がとても大変である．

なお，英語ではそれらがすべて消滅してしまった．「's」の形(所有格)を入れても2格しかない．わずかに代名詞にこれが残っていて「I, my, me; you, your, you; …」と形を変えるわけである．

ロシア語では，外来語でも規則通り格変化させるということがある(無変化の場合もあるが)．大阪(Осака)はaで終わるので女性名詞の格変化をする．「大阪が」(主格)はそのままだが，「大阪の」はОсаки(オーサキ)となってしまう(属格，ロシア語では生格という)．与格はОсаке(オーサケ)，対格(～を)はОсаку(オーサク)になる．「大阪から」はиз Осаки(イズ・オーサキ)，「大阪

（の中）で」はв Осаке（ヴ・オーサケ）でこれは前置格という格である．вは英語のinの意味であるが，名詞を対格にしてв Осаку（ヴ・オーサク）となると「大阪（の中）へ」となり，intoの意味になる．大阪が大崎（東京の山手線には「品川駅」と「五反田駅」の間に「大崎駅」がある）になったりするとちょっとこまるのではないだろうか．

inやonに相当する前置詞で，名詞を対格（四格）にすると方向（～へ）を表すということは，ドイツ語にもある．人工国際語のエスペラントでもこの方式が取り入れられている．国歌に相当するLa Espero（希望）という歌曲の先頭が

En la mondon venis nova sento

となっている．英語に逐語訳すると

In the world（対格）came new sense

で，「世界の中へ新しい感覚がやってきた」という意味である．ここでmondoが世界で，nを付けると対格になる．enと対格を合わせてintoの意味になる．

こうして文のなかでの語句の役割を表す方式が決まってくる．その役割から語句の深層の意味に至ることができる．また一方には，役割の方式の違いで，言語を類型に分けることができる．そうしたあたりから第15話で，話題を展開していこうと思う．

第15話 言語の類型

――「わけられるんだろう」はどうわけられるんだろう

英語を学び始めたとき，大きい違和感をもったと思う．そのわけの一つは，ことばが文のなかでつながるスタイルが違うことだろう．日本語では意味を持つことばに助詞や助動詞などがいろいろくっついたもので文ができているのに対し，英語ではばらばらの単語の並びで文ができている．こうしたスタイルを類型という．これを観察してみよう．実は第 14 話の名詞の文での役割の表し方もこのスタイルにかかわる話であった．

◉―― 文と語

はじめに語というまとまりのことを述べよう．数理的にいうと，まずことばの基本単位が記号(文字や音)である．そしてその並びが記号列で，記号列のうち文法に合っているもののことを文という．

つまり形式言語の考えでは，文 $s = a_1 a_2 \cdots a_n$ は単に文字 $a_1, a_2, \cdots, a_n$ の並びであった．一方，われわれが使う日本語や英語などの自然言語はそんなに単純ではなく，文の下に部分文字列の下位構造がある．それを「語」(word)といい，文は語の並び $s = w_1 w_2 \cdots w_m$ として理解される．そして語 $w_i = a_{i1} a_{i2} \cdots a_{in}$ が文字の並びであるわけである．「They study mathematics」という文では they や study や mathematics が語である．

ここで大事なことは，一つ一つの語が意味を担っていることだ．多くの語は複数の意味を持ち，それが文中に出現するときに一つに決まる．

◉―― 言語の類型

第 14 話で，名詞の文中での役割を表す三つの方法を述べた．語順による方法，助詞などを接着して表す方法，語の形を変えて表す方法だ．このことは動詞の文中での役割を表すのも同様で，語順や，助動詞の接着や，語形変化がある．

この 3 種の語の文での役割表現に対応して，言語の類型を三つに分ける．

最初は孤立語という類型である．語は変化せずそのまま孤立して文に置かれる．その語の役割を示すのは語順，つまりほかの語との位置関係で示すことになる．もう一つは膠着語であり，語にいろいろなものを接着して使う．助詞のような接辞を接着して語の役割を示すわけである．3 番目は屈折語である．これは語の形が変わることにより語の役割を示す方式である．

世界の言語はだいたいこの三つの類型に分けられる．ただし，それぞれの言語がはっきりと 3 種に区分されるのではなく，程度の問題である．三角形の 3 頂点が，完全な孤立語・屈折語・膠着語であるとすると，個々の言語はその三角形のなかのどこかの 1 点ということになる．

図 15.1 がその三角形である．そのなかで，ラ，ロ，ド，フ，英，日，中，エ，韓はそれぞれ，ラテン語，ロシア語，ドイツ語，フランス語，英語，日本語，中国語，エスペラント，韓国語を表している．詳細は次に述べよう．

なお，この 3 類型のほかに抱合語というのもあって，さまざまな要素が複合的につながって一つの文になってしまう類型がある．北アジアからアメリカ大陸にかけての言語にそうしたものがあるがここでは述べない．

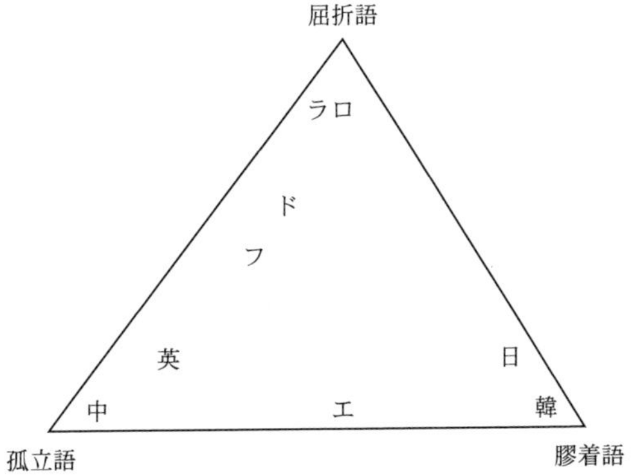

図 15.1　各言語の類型での位置

◉── 孤立語

上で述べた，文の下に語という下位構造があるという原則そのままなのが孤立語という類型である．個々の文法要素が独立して語となっているわけだ．意味や機能をになう文法要素を形態素(morpheme)というが，完全な孤立語では語と形態素が等しいということである．

その典型的なのが中国語である．また十分に孤立語と言えるのが英語である．

◉── 英語

英語を習うと，文は単語でできていて，単語をスペースで区切って並べる．「They study mathematics」でも「This is a pen」でもわかるように単語の並びが文であるので，英語はほぼ孤立語といっていい．日本語で「は」や「を」が付いたりするのと違う．

ところが面白いことに，英語は本来かなりの屈折語だったのである．英語は，インド・ヨーロッパ語族のゲルマン語派に属する．その起源はアングル族やサクソン族などのゲルマン民族が4世紀にグレートブリテン島に渡ったときがスタートである．大陸側に残ったゲルマン語からドイツ語やオランダ語などができた．

英語の始まりのころはドイツ語と同様に名詞はちゃんと格変化していた．しかしそれはなくなってしまってわずかに代名詞のなかに残っているだけだ．動詞も人称と数にしたがって6種類の活用をしていた．しかしこれは三人称単数のsと，be動詞の活用だけになった．過去形や分詞なども単純になってしまった．

英語のまだ屈折的なところは，代名詞の格，不規則動詞，比較級・最上級の不規則形(more, most, better, bestなど)に残っている．屈折が簡単になる過程で，接辞として統一されて膠着的になることもあった．三人称単数のs，過去と過去分詞のed，現在分詞のing，所有格の's，比較級のer，最上級のestなどだ．ほかに，-ly, -ful, -nessなどの膠着的接辞があるが，それほど複雑ではない．

◉—— 中国語

中国語では漢字一つが意味を持つ．時代が経つにしたがって漢字二つで複雑な意味を表すようになったが，本来は漢字一つが一つの語であった．

こうした漢字は活用して音の並びを変化させることもないし，助詞のような接辞的なものはあるにせよ接着しておらず独立している．その意味で中国語は完全と言えるほど孤立語である．

昔は「漢文」という科目があって，論語や詩経，唐詩などを学んだものだが今日はどうなっているのだろうか．漢文は古い時代の中国語であるわけだが，それを学ぶと孤立語というものが実感できる．日本人はこの中国語を読む方法としてとても不思議な方法を生み出した．まず漢字にテニオハなどの助詞や送り仮名を漢字の右下に付ける．また左下にレ点とか一・二点を付ける．それで無理やり中国語を日本語として読んでしまうのだ．この変わった方法は世界に類を見ない方式である．なんとか保存したいものだ．

テニオハなどを送るのは孤立語を膠着語にしようということである．レ点などは語順を日本語化しようということだ．たとえば「我爱你《ウォオアイニイ》」だと「我ハ レ爱ス你ヲ」となって「我《われ》は你《なんじ》を爱《あい》す」と読む．レというのがレ点で，その漢字をその後の漢字の次に読むことを示している．このシステムは中国語にではなく英語などほかの言語にも適用できる(ちょっと面白い)．

「Iハ レloveス youヲ」

このように中国語はまったくの孤立語であるが，よく漢字を調べてみると，似ている音を持つ漢字の対が，似た意味を持つことがある．これは，化石的に残っている古代の屈折である可能性がある．たとえば，「見《けん》」と「現《げん》」，「納《なふ》」と「入《にふ》」は，他動詞と自動詞の組であった可能性がある．日本語の「見る」と「見える」，「入れる」と「入る」のような関係である．「我《が》」と「吾《ご》」は主格と目的格の違いであったかもしれない．

◉—— 屈折語

屈折語とは，語が決まった形式に基づいて，基本形 w に対して $w', w'', \cdots$ と形を変えるような類型である．どういうものが w と w' であるのかというと，

- 同じ語の変化形であるという意識が明確である
- 同じ意味を担っている
- 語形も似ている

というようなことが要る．こうした語形変化を使って語の文の中での役割を表す．英語でいえば you と your とか write と wrote, written の関係である．

ヨーロッパに多いインド・ヨーロッパ語族の言語は屈折語である．第 14 話で述べたように名詞や形容詞が格変化した．また動詞や助動詞は，時制やアスペクト(完了など)，また現在分詞・過去分詞などさまざまに形を変える．これを「活用」や「屈折」(conjugation)という．現在形ならば主語の人称と数に合わせて変わる．人称は 1, 2, 3 人称があり，数は単数・複数があるので全部で 6 通りのパターンがある．それがさらに時制などで変わる．命令形もある．

ほかのグループの言語ではまた異なる屈折をする．たとえばアラビア語では，三つの子音で一つの語群が決まる．そして子音の間の母音を変化させて語を作るというシステムになっている．

インド・ヨーロッパ語族の言語は時代を経るにしたがって屈折が簡略化する傾向がある．その代表例が英語である．図 15.1 の三角形でいうと，上の頂点から次第に左下に下がってきていると言える．そのなかでロシア語は強固に屈折語の地位を保っている．ラテン語もしっかりした屈折語であるが，その子孫のフランス語・イタリア語・スペイン語などは，おもに名詞の部分の屈折が弱まって，英語ほどではないが孤立語のほうに近づいている．

ロシア語の名詞の格変化やフランス語の動詞の屈折をみると，よくあれほどのものを覚えられると感心するが，人間にはその能力があるのだ．それぞれの言語には特有の複雑さがあるわけで，日本語にはそういうものがない代わりに，敬語の体系とか，仮名漢字交じりの表記とか別の複雑さがある．英語には綴り字の面倒さがある．

屈折語では初心者は辞書を引くのが大変である．辞書には基本形しかかいていない．しかし引こうとするのは変化形である．ある程度屈折のパターンを知らないと辞書を引けないのである．

◉── 膠着語

膠は「にかわ」という字で，膠着はしっかり接着するという意味だ．中心となる語に接辞などをいくつも膠着することによりかたまりを構成し，文中での語の役割などを確定させるのが膠着語である．

日本語は典型的な膠着語である．さらに以前に述べたように日本語と同様に，アジアの言語の多くが前のことばが後ろのことばを修飾する．そのような韓国語・満州語・モンゴル語・トルコ語はまた同様に膠着語である．言語の構造が日本語に似ている言語が日本から見て北西に向かって，そのあと西に向かって存在する．

◉── 日本語

国語の時間に，「単語」ということばをあまり聞かなかったように思う．どこが語の切れ目かがわかりにくいのである．「飲ませられたくなかっただろう」はいくつの単語でできているかといわれても困る．

日本語では，自立語と付属語という区別をする．自立語が意味を担う中心の語であり，動詞・形容詞などの用言，また名詞(体言)などがある．付属語は助動詞と助詞である．

普通は一つの自立語にいくつもの付属語が接着して文節というかたまりになる．挿絵のアリをイメージするとよいだろう．上の例は一つの動詞に7個の助動詞が付いた例で

　飲ま(動詞)・せ(使役)・られ(受身)
　　・たく(願望)・なかっ(否定)・た(過去)
　　・だろ(断定)・う(推量)

という構成で8個の形態素があるということになる．

このように動詞になるべくたくさんの助動詞を付ける競争をすると面白い．「てしまう」「ている」「ておく」「てもらう」「てやる」「やすい」「かねる」などの補助動詞を助動詞と同様に用いてもいいとしよう．どこまでまともな意味で長くできるだろうか．

動詞に終助詞をいくつも付けることができる．たとえば

　飲む・わ・よ・ね

とできる．名詞に助詞などをたくさん付けることもできる．たとえば

学生・たち・だけ・に・まで・も

とできる．副題の「わけられるんだろう」は

わけ(動詞)・られる(可能)・ん(助詞「の」)・だろ(断定)・う(推論)

という五つのパーツが接着している．

日本語が多少屈折的であることも述べておく．つまり，動詞，形容詞，助動詞が活用する．国語の授業で，未然・連用・終止・連体・仮定・命令の6個の活用形があると習う．ここで未然形は「ない」が付く形と，「う」が付く形が違う．また連用形には音便の形もあるので8個の活用形があると言える．

韓国語は活用形の数は少なく，動詞と形容詞の差もほとんどないなど活用の種類も少ないので，より膠着語的だ．

◉—— エスペラント

エスペラントは国際語を目指して作られた人工の言語で，もっとも成功しているものである．エスペラントを母国語として育った子供もいる．エスペラントはかなり膠着語的なのである．

語の例をみて見よう．instruistinojn（インストルイスティーノインと読む）ということばは，

instru（教える）・ist（人を表す接尾辞）
・in（女性を表す接尾辞）・o（名詞の語尾）・j（複数）・n（対格）

という構成になり「女性教師達を」という意味になる．

エスペラントはヨーロッパのことばをベースにして作られた．ヨーロッパの言葉はほとんど印欧語族で多様に屈折している．エスペラントでは記憶の負担を減らすために，まったく屈折しないようにし，屈折が持っていた役割に対しては，完全に同じ形で変化するようにした．o を付けて名詞，j を付けて複数，n を付けて対格といった具合である．同じものを付けるので語形変化ではなく接着と考えることができる．つまりエスペラントの類型はヨーロッパの言語と異なって膠着語的になった．

◉――類型の変化

英語が屈折語から孤立語に変わってきたことを述べた．基本的になかなか変わらないが，長い年月をかけてゆっくり変わることがある．

英語の I am の am は，昔にさかのぼると eam のような形だった．さらにさかのぼると ezmi のような形であった．想像できるように，これは非常に古い時代に is と同源の be 動詞の部分に一人称単数代名詞の mi が接着してできた．このようにインド・ヨーロッパ語の動詞の人称と数による屈折は，動詞に代名詞が付いて出来上がった．

そういう意味で膠着から屈折に変化するわけである．膠着したものが完全に溶け合ってしまうのである．もし日本語でも「わたしゃ」，「こりゃ」というようなものが主格として確立すれば名詞の格変化が生まれ，屈折語になっていく．

一方，独立している語が接辞として感じるようになると，孤立語から膠着語に移行していくことになる．

結局，

孤立語 → 膠着語 → 屈折語 → 孤立語

という向きでゆっくり回りながら変化すると考えられる．

このように言語の歴史的な変容はとても興味深いものである．第16話ではそのことを少し数理的に考えてみようと思う．

第16話　ことばは変わる

——ことばで過去を知る

わたしたちの過去の歴史は，遺された文書からわかるが，文字のない時代まで遡ると，どんな歴史だったのかとたんに不明になる．歴史学ではなく考古学の範囲になるわけである．しかし現在から過去を推定する方法がある．その一つが言語を観察する方法だ．

◉——炭素の放射性同位元素による年代測定

言語を使って過去を推定する方法に似たものが二つある．一つは炭素の放射性同位体による考古学的年代測定だ．普通の炭素の原子核は陽子が 6 個と中性子が 6 個でできている．そのなかに 1 兆分の 1 ほどの割合で，炭素 C_{14} が混ざっている．これは陽子 6 個に対して中性子が 8 個であり，5730 年の間に半分になるような確率で崩壊する(半減期という)．

骨や土器，木質のものなどについて，その中の炭素 C_{14} の割合がわかれば，それがいつ作られたかがわかる．子供のころ，世の中の C_{14} もどんどん減るのだからそんな測定はできないのではないか，という疑問をもった．それはそうではなくて，太陽の放射線が窒素に当たり，そこから C_{14} が生成されて環境中の C_{14} はほぼ一定に保たれているのだった．そしていったん骨などの固体になれば，そこでは炭素の出入りがないので C_{14} は減っていく．

◉——遺伝子の変異による年代測定

20 世紀の生物学の最大の発見は，遺伝子というものを見つけたことだろう．遺伝子(DNA)は 4 種類の塩基，A, G, C, T が長くつながったものである．DNA はいったん RNA にコピーされ(塩基 T の代わりに U になる)，そのなかの塩基を三つずつ読み取り，対応するアミノ酸を決定するメカニズムになっている．

こうして順につながれて出来上がるのがタンパク質で，それが生物の体になったり，さまざまな酵素になったりする．

塩基の三つ組をコドンといい，$4^3 = 64$ 通りある．ところがつなぐアミノ酸の種類は20種で，終点マークを入れても21種の区別があるだけである．つまりアミノ酸とコドンの対応はとても冗長であるのだ．

一方，進化の基本要素は突然変異で，それは遺伝子のコピーミスである．宇宙線などの放射線やダイオキシンなどの突然変異物質などにより，非常に少ない確率ではあるが，塩基の一つがランダムに別のものに置き換わる．そのせいで対応する変換のところで異なるアミノ酸が選ばれてしまうと多くの場合その生物はうまく機能せず，淘汰されることになる．とても少ない確率ではあるが，それが役に立ち，環境への適応が改善されることがあり，そうして進化が進むわけである．

一方そのことには関係なく，塩基とアミノ酸の対応が冗長なのでアミノ酸に変化がないような塩基の置き換えの場合は表面的にはなにも変化を起こさない．また遺伝子の中でもタンパク質を作るのに使われていない部分もたくさんの割合で存在する．そのところでの塩基の置き換えも変化を起こさない．

この変化は中立的であり，時間が経つにしたがって変化は蓄積していく．そのため塩基の違いを観察すれば，二つの生物の種が分かれてからどれくらい経つかが推定できる．放射性炭素の方法と同様に時間の推定ができるのである．放射性炭素による測定値はスカラー値であったが，遺伝子による測定値は，観察する遺伝子上の位置 N か所に存在する，塩基 N 個からなる列である．一定の範囲内の塩基の変化はほぼ一定であることが知られている．したがって塩基の変異率を見ると年代推定ができる．

一方，N 組であることから，距離を比較することで，いくつもの生物種がどのように枝分かれしてきたかが数理的に推定できる．われわれは類人猿と人類が共通の祖先から進化してきたことを知っているが，こうした推定からわかったことはかなり意外なことだった．人類はチンパンジーと共通の先祖から分かれた．そして人類とチンパンジーの距離は，チンパンジーとオランウータンやゴリラとの距離よりかなり近かったのだ(次ページ図16.1)．

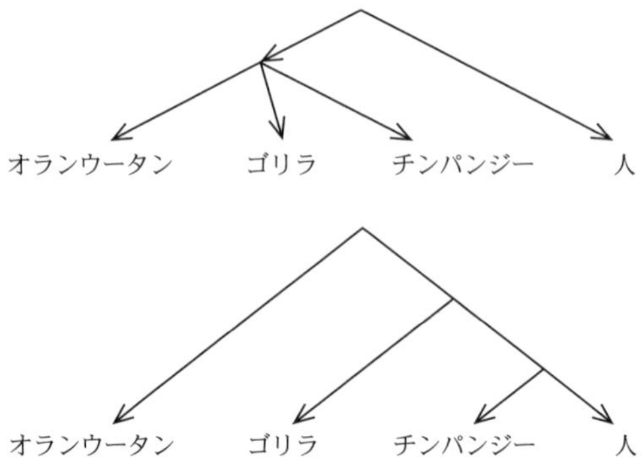

図 16.1　類人猿と人類の分かれ方の考え：誤り(上)と正解(下)

◉—— ことばは変わる

遺伝子の突然変異による推定の方法と同様のことを言語の分野でも行うことが可能である．つまり遺伝子中の個々位置の核酸が一致するかを見るのと同様に個々の意味について単語が一致するかを見る．

それがうまくいけば，何千年も前の日本人の起源が推定できるかもしれない．ではどの程度言語は変わっていくのだろうか．われわれ日本人が言語の変化を感じることができるのが中学高校で学ぶ古文である．

◉—— 古文

古文の教科に出てくる文章は，おおよそ 1000 年前のものであり，『枕草子』，『徒然草』，『更科日記』，『源氏物語』，『平家物語』，『竹取物語』などである．これらで 1000 年の間に言語がどう変わったかを観察できる．

古文を学校で習うときには現代的発音で読んでいる．文字についても歴史的仮名遣いであるだけではなく字形や別の仮名(変体仮名)が使われていた．ここで 1000 年前の発音について述べておこう．

まず，一言で古文の発音をいうなら，歴史的仮名遣いをそのまま読むということだ．さらに詳しくいうと次のようにする．サ行ではセがシェ(she)だった．タ行ではチがティ(ti)だった．ツがトゥ(tu)だった．これらは濁音でも同様で，ゼ・ヂ・ヅは je, di, du である．ハ行は h でなく，f(唇を合わせる f)だった．ゐは wi，ゑは we，をは wo だった．濁音は鼻音がかっていた可能性もある．たとえばダは nda だったかもしれない．

アクセントは関西アクセントに近いものだった．2 拍の名詞（プラス助詞）のアクセントは，1000 年前は 5 種類だが，京都などの関西アクセントでは 4 種類に減った．標準語では 3 種類になり，アクセント位置の移動も起きた．

結局，古文で習う文法と語彙を使い，上のように五十音を発音し，関西アクセントで発音すれば，タイムマシンで平安時代に行っても十分話が通じるだろう．

◉―― 古文でどれくらいの語彙が今と違うか

古文の単語がどれくらい違うか見てみよう．『竹取物語』は 9〜10 世紀に出来上がったといわれているが，その冒頭は次のようである．

> 今は昔，竹取の翁といふ者有りけり．野山にまじりて，竹を取りつつ，よろづのことに使ひけり．
> （訳：今は昔だが，竹取のじいさんという者がいた．野山に入って，竹を取りながら，いろいろなことに使った．）

このなかには形態素が 17 種類ある．このうち現代語に一致しないのが，翁（じいさん），有り（いる），けり（た），まじる（入る），つつ（ながら），よろづ（いろいろな）の 6 形態素である．用法がずれたり出現頻度が低くなっているだけのものを甘く判断し，有り，つつ，よろづを除外すると 3 個である．17 あたり 3〜6 の違いと言える．

◉―― 言語年代学

スワデシュという言語学者が，単語が一定の割合で年月とともに入れ替わる，という考えのもとに二つの言語がいつ分かれたかを推定する方法を作った．これは放射性炭素の方法や遺伝子の年代推定の方法に比べてずっと以前に考案されたもので，逆にそれらのもとになった考えである．

頻度の高い基礎語彙 200 語あまりのリストを作り（スワデシュ・リストという），インド・ヨーロッパ語族のいくつかの言語でその単語がどう入れ替わるかを調べた．その結果，1000 年後に語彙が残存する割合が 81% となった（上の竹取物語の例では 17 個中 11〜14 個同一単語なのでだいたい合っている）．これを時間方向に伸ばすと

$$f(t) = 0.81^{t/1000} \fallingdotseq e^{-0.000211t}$$

と表せる．

この式で $f(3300) \fallingdotseq 0.5$ であるので，語彙の半減期は約 3300 年ということになる．年を取ってくると，「若い人のことばはなってない，おかしい」と言いがちだが $f(50) \fallingdotseq 0.99$ なので，70 歳の人のことばと 20 歳の人のことばは約 1% しか違っていない．

実際にいろいろな言語や基礎語彙を変えて調べてみると，75%〜85% でいろいろな残存率の値が出ている．統計的に見れば N 個のうちいくつ残存しているかは，2 項分布になる．200 語ほどでは，±5% ほどのバラツキがあることになる．

過去と現在の言語を比べるときには上の通りであるが，二つの言語を比べるときはそれぞれが別に変異するので 2 倍になる．たとえば $(0.81)^2 \fallingdotseq 0.66$ ほどの語彙が一致する二つの言語は，1000 年前に分かれたと考える．

この方法は，すっきりした面白い方法であるが，厳密な言語学者からは評価があまり高くない．しかし誤りやずれがあっても，数理的に処理しやすく人工

知能やデータマイニング手法で解決するのに向いていて，期待が持たれる．

◉―― 困難な問題

単純に上のように分かれた年代の数値を出すと，誤ることがある．難しい問題を述べておこう．

語同士の同一性の判定が難しい．たまたま音が似てしまったのかもしれないし，輸入語(外来語)として入ってきて一致するようになった可能性もある．意味がずれてきているのに対応させる間違いも起こしがちである．しばらく同一言語内の方言同士だったものが，その後二つの言語に分かれたとすると，どこをスタート時点にするのかがわからないということもある．

さらに，それぞれの項目の語の残存率は独立でないのである．たとえば数詞はまとめて置き換わることが多い．日本に漢語が入ったときのように，一気にいくつかの単語が入れ替わることがある．語の残存率はその単語の種類ごとに一定ではない．変わりやすい語の例を見よう．

◉―― 変わりやすいことば

いろいろな意味の単語を比べてみると，決してその変わりやすさは同じではない．変わりやすい語と変わりにくい語がある．変わりやすいものの例を挙げてみると，それぞれ理由がある．

「トイレ」を表すことばはとても変わりやすい．思いつくものを挙げても，トイレ，便所，ご不浄，化粧室，厠《かわや》，お手洗い，など．英語でも同様で，toilet, lavatory, washroom, bathroom, water closet などだ．それぞれの語を長く使っていると，語自身に汚いという感覚が付与されて避けるようになる．

逆に，美しく高級なものに感じさせたい対象もすぐに名前が変わる．アパートがマンションやレジデンスになったり，ズボンなどちょっと形が変わっただけで違う名前が付き，パンタロン，パンツ，スラックス，レギンスになったりする．

怖いものや避けるべきものをタブーとする現象がある．名前を言うとそれがやってくると考え，名前を言わないようにするわけだ．その対象物を示すには，別のことばで言い換えることになる．そうしてことばが変わっていく．たとえばオオカミの語源はオオ(大)カミ(神)であると思われる．本来の名前はあったはずだがとっくに忘れ去られている．ことによるとクマもそうかもしれない．雲，曇る，目の周りのクマと同根で黒っぽいものということだったかもしれない．英語のクマは bear で，これは茶色(brown)と同根で，茶色のものという意味だったと考えられている．ロシア語でクマは медведь (medved'，メドベーティ)といい，先頭の med は蜂蜜で，あとの ed は食べるである．つまり「蜜喰い」という意味だ(メドベージェフという名の政治家がいたが，いわば熊田さんというような感じだ)．

変わりやすさは言語によっても違う．日本語では人称代名詞が変化しやすい．一人称だと，われ，わたくし，わたし，僕，小生，自分などで，二人称だと，君，お前，てめー，自分，あなた，それがし，そちらなどである．使っているうちに語にぞんざいであるという感覚が付いてくる．また相手を直接指すのが失礼であるという感覚がある．丁寧にするために語を取り換える．

◉——簡単な例で言語の枝分かれを推定する

簡単な数理モデルで言語がどう枝分かれするか推定してみよう．今，もとは同じ言語だった三つの言語 A, B, C があるとする．そして一つの意味に対して A と B は共通の語 X を持ち，C は異なる語 Y を持っているとする．このことしかわかっていないとして，この三つの言語がどう分かれた可能性が高いかを求めてみる．

たとえば，父という意味の語をみると，英語の father，スペイン語の padre は共通の起源の語であるが，ロシア語の отец (otets，アテーツ)は異なる語である．

簡単に計算する仮定として，単語の置き換わりが 1 回だけであるとしよう．またもとの言語から一つの言語が分かれたあと，同じ間隔を置いてそのうちの一つの言語が二つに分かれたとする．そうすると最初に分かれた言語がなにであるかで，A, B, C の 3 通りある．単語の置き換わりの方向は X から Y と，Y から X の 2 通りある．それが枝分かれの過程でどこで起きたかを考えると，図 16.2 (次ページ)の 5 通りあることになる．

図の中で◎は単語 X から単語 Y に置き換わった場合，○は Y から X に置き換わった場合である．結局，言語 C が先に枝分かれする場合が $\frac{3}{5}$ の割合，A が先に枝分かれする場合が $\frac{1}{5}$，B が先に枝分かれする場合が $\frac{1}{5}$ であることが

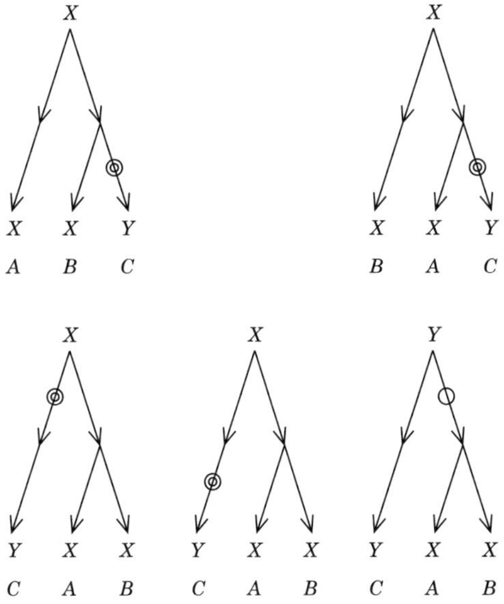

図 16.2　単語の置き換わりから見た言語の分岐の推定

わかる．また，もとの言語(祖語という)のなかで当該の意味の単語が X である割合が $\frac{4}{5}$，Y である割合が $\frac{1}{5}$ になる．

◉—— 系統樹

こうした考え方を推し進めるといくつもの言語間の遠近関係を導き出すことができ，言語の系統樹が作れる．言語の系統の研究が昔から進んでいるのは，インド・ヨーロッパ語族であるが，近年はっきりわかってきたのがオーストロネシア語族である．西はマダガスカルのマラガシ語，北はハワイのことば，東はイースター島，南はニュージーランドのマオリ族，空間的にはインド・ヨーロッパ語族より広く散らばっている．

一番人口が多いのはインドネシア語である．マレーシア語もほぼ同じ言語と考えてよい(せいぜいアメリカ英語とイギリス英語の違いほどだろう)．オーストロネシア語族の言語数は 1000 語以上ある．多くが島々で隔絶されているので，一つにまとまろうとする引力が働かないわけである．オーストロネシア語族の祖語は台湾にあり，フィリピンを経て広がり，5000 年ほどの年月をかけて急速に別の言語に分かれていった．この研究には，こうした語彙の一致度による量的な方法でうまくいったのである．

第 17 話は語彙で言語間の距離を求めて系統樹を作ってみる．

第17話　系統樹と語源

——ヨーロッパのことばの分化

第16話では，ことばが変わっていく話を始めた．言語が枝分かれして系統樹ができる．第17話では単語のデータをもとにして，数理的にインド・ヨーロッパ語族の系統樹を実際に作ってみる．

◉——インド・ヨーロッパ語族

ウィリアム・ジョーンズというイギリス人が，インドの古典語であるサンスクリットと，古典ギリシャ語やラテン語と類似性があることを発見した．ヨーロッパとインドという距離の遠さにもかかわらず，文法や語彙の著しい一致に彼は驚き，それを発表すると大きい反響を呼んだ．1786年のことである．これがインド・ヨーロッパ語族という言語グループの発見の発端である．学問的には比較言語学という科学が始まった．

ヨーロッパの言語は大部分この語族に属する．そして西洋世界を生み出した語族である．一方，そうでない大きい言語として日本語・中国語・アラビア語などがあるが，両者の葛藤が近世の歴史を形作っている．

インド・ヨーロッパ語族のもとになる言語をインド・ヨーロッパ祖語という．これが6000～8000年前に存在し，さまざまに樹状に枝分かれし，今日では多くの言語となった．英語，ドイツ語，オランダ語，スウェーデン語などのゲルマン語派，フランス語，スペイン語，ポルトガル語，イタリア語などのロマンス語派，ロシア語やポーランド語などのスラブ語派，ヒンドゥー語，ベンガル語，ペルシャ語などのインドイラニアン語派などに分かれていったわけである．

その最初の地域(原郷)としては黒海の北側，今日のウクライナあたりが有力視されている．インド・ヨーロッパ祖語の石碑や文書は存在しない．研究者が推論を重ね，文法や語彙を再構築してきたのである．

ここに，面白い説がある．もともと，黒海は地中海と切り離されていて湖だった．紀元前5600年ころ，氷河が解けるにしたがって海面が上昇し，ボスポラス地峡から海水が地中海から黒海に流れ込んだ．地峡は切り離されて海峡になった．この黒海の大洪水のせいで，もともと単一であったインド・ヨーロッパ語族を担う民族の人々は西や東に散らばっていったというものだ．これが本当かどうかわからないが，そのあとあたりから急速に言語が分化していったのは事実らしい．

◉—— 系統樹を生成するためのデータ

情報や数理の立場からは，個別の語や文形からの推論ではなく，データからの知識をマイニングしたい．そこで語彙のデータから系統樹を作ってみる．

ヨーロッパの言語としてなじみのあるものを選んでみると，先頭に来そうなのが，英語，ドイツ語，フランス語，ロシア語，スペイン語などで，それに続くのがオランダ語やギリシャ語である．このインド・ヨーロッパ語族の8言語がどう枝分かれしてきたかをみる．

これらの言語に対して，父，頭，足などの頻度の高い15種の意味を与え，それぞれの言語でなんという語を使うかを示したのが表17.1(次ページ)である．そのなかの語で，もともと同じ起源の語であるものに同じ番号([1]など)を付けてある．各単語の詳細についてはあとで述べる．

簡単に言うと，この番号が同じものが多い言語同士は，似ていて，より最近に枝分かれしたということである．どの語とどの語が同じであるかは，比較言語学の知識が必要であるという点には注意する必要がある．

◉—— 言語間の相違度

今，単語$1, 2, \cdots, N$に対して一つの言語iの同一語の番号の列を$w(i, 1)$, $w(i, 2), \cdots, w(i, N)$とする．そうすると二つの言語i, jの同一語番号の相違の数は，

$$d(i, j) = \sum_{n=1}^{N} \mathrm{dif}(w(i, n), w(j, n))$$

である(ただし$\mathrm{dif}(x, y)$はx, yが等しければ0，違えば1)．これを求めたのが表17.2で，対角成分が0の対称行列だ．そして値が少ない言語同士が似てい

表 17.1　各言語の語彙（[ ]は同一語の番号を示す）

	英語	ドイツ語	オランダ語	フランス語	スペイン語	ロシア語	ギリシャ語
父	father [1]	Vater [1]	vader [1]	père [1]	padre [1]	отец [2]	*πατέρας* [1]
頭	head [1]	Kopf [2]	hoofd [1]	tête [3]	cabeza [1]	глава [4]	*κεφάλι* [5]
足	foot [1]	Fuß [1]	voet [1]	pied [1]	pie [1]	нога [2]	*πόδι* [1]
手	hand [1]	Hand [1]	hand [1]	main [2]	mano [2]	рука [3]	*χέρι* [4]
目	eye [1]	Auge [1]	oog [1]	œil [1]	ojo [1]	глаз [2]	*μάτι* [3]
口	mouth [1]	Mund [1]	mond [1]	bouche [2]	boca [2]	рот [3]	*στόμα* [4]
大きい	big [1]	groß [2]	groot [2]	gros [2]	grande [3]	большой [4]	*μεγάλος* [5]
小さい	small [1]	klein [2]	klein [2]	petit [3]	pequeña [4]	маленький [5]	*μικρό* [6]
水	water [1]	Wasser [1]	water [1]	eau [2]	agua [2]	вода [1]	*νερό* [3]
木	tree [1]	Baum [2]	boom [2]	arbre [3]	árbol [3]	дерево [1]	*δέντρο* [4]
石	stone [1]	Stein [1]	steen [1]	pierre [2]	piedra [2]	камень [3]	*πέτρα* [2]
犬	dog [1]	Hund [2]	hond [2]	chien [2]	perro [3]	собака [2]	*σκύλος* [4]
馬	horse [1]	Pferd [2]	paard [2]	cheval [3]	caballo [3]	лошадь [4]	*άλογο* [5]
月	moon [1]	Mond [1]	maan [1]	lune [2]	luna [2]	луна [2]	*φεγγάρι* [3]
雨	rain [1]	Regen [1]	regen [1]	pluie [2]	lluvia [2]	дождь [3]	*βροχή* [4]

表 17.2　各言語間の相違の数

	英	ド	オ	フ	ス	ロ	ギ
英	0	6	5	12	11	13	13
ド	6	0	1	10	12	13	13
オ	5	1	0	10	11	13	13
フ	12	10	10	0	4	13	12
ス	11	12	11	4	0	14	12
ロ	13	13	13	13	14	0	15
ギ	13	13	13	12	12	15	0

る．ドイツ語とオランダ語は似ているが，ロシア語とギリシャ語は遠い．

この相違度 $d(i,j)$ は距離のようなものである．実際，三角不等式 $d(i,j) \leqq d(i,k)+d(k,j)$ や対称性 $d(i,j)=d(j,i)$ を満たす．$d(i,i)=0$ も満たしている．ただし，$d(i,j)=0$ ならば $i=j$ とは言えないこともあるので，これは今のところ擬距離と言える．

●—— 系統樹作成法

さてこの行列から系統樹を作ってみよう．ボトムアップで繰り返しグループを結合していく方法をここでは用いてみる．これはクラスタリング（clustering）の一つの方法として考えることもできる．この手法の基本アルゴリズムはとても簡単で，次のようにする．

step1　各言語を一つずつのクラスタにしておく．

step2　全体が一つのクラスタになっていれば終了．

step3　クラスタのペアのなかで最も距離の短い組を選び，合体して新しいクラスタにする．

step4　step2 へもどる．

これをクラスタリングとして使うときには，望むクラスタ数になったときに停止させればよい．

この方法でキーになるのが「最も距離が短い組」というのをどうするかである．上に述べた言語間の相違度 $d(i,j)$ を活用するのだが，複数の言語を要素とするクラスタの間の距離をどうすればよいか．

これには平均距離法という単純な方法がある．すなわち，クラスタ中の要素同士の距離の平均で，クラスタ間距離(のようなもの)を定義する．二つのクラスタ I,J があれば，その間の距離 $D(I,J)$ は

$$D(I,J)=\frac{1}{|I||J|}\sum_{i\in I,\, j\in J} d(i,j)$$

と書ける．ただし $|\cdot|$ はクラスタ中の言語の数なので $|I||J|$ は距離の組合せの数である．

◉―― 系統樹を作る実験

これを使って，上の距離行列を処理してみる．まず最短距離はドイツ語-オランダ語間の 1 なので，これらを一つ({ド，オ} と書くことにする)にまとめる．すると，クラスタ {ド，オ} と，ほかの 5 クラスタ {英}・{フ}・{ス}・{ロ}・{ギ} との距離も，5.5, 10, 11.5, 13, 13 と求まる．

次に最短なのはフランス語-スペイン語間の 4 であるのでこれらを {フ，ス} にまとめる．このクラスタと，{英}・{ド，オ}・{ロ}・{ギ} との距離は 11.5, 10.75, 13.5, 12 である．このように繰り返す．次は {英} と {ド，オ} が最短で，5.5 となる．さらに次の最短は {英，ド，オ} と {フ，ス} で 11，その次は {英，ド，オ，フ，ス} と {ギ} で 12.6，最後は距離 13.5 で全部まとまる(次ページ図 17.1)．

作業を逆方向にみると，まずロシア語が分かれ，次にギリシャ語が分かれ，

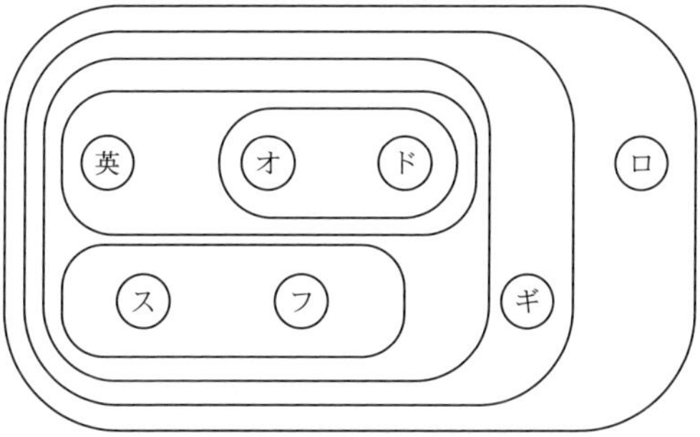

図 17.1　言語間のまとまり

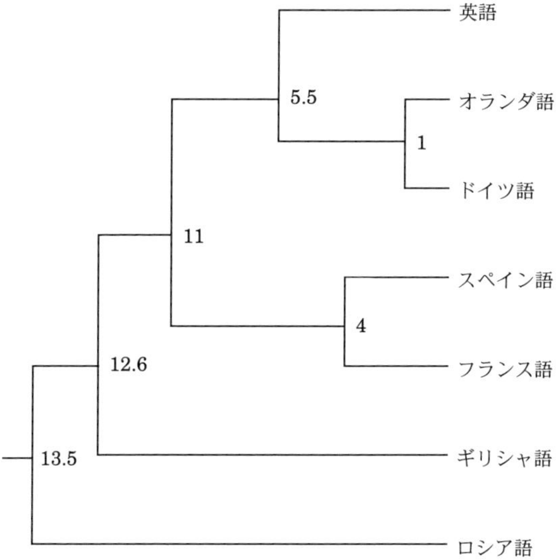

図 17.2　7 つの言語の系統樹

次に英語・ドイツ語・オランダ語の組とフランス語・スペイン語の組が分かれ…という年代順になる．これを木の形にしたのが系統樹である（図 17.2）．このなかで枝分かれの位置にクラスタ間の距離，つまり 15 個中の相違数の平均が書いてある．

第 16 話で述べたように経過年 t に対する語彙の残存率は

$$f(t) = 0.81^{\frac{t}{1000}}$$

である．二つの言語間の語彙の一致率は，この式の 2 乗である．そして 15 個

中の相違数を x とすると，語彙の一致率は $1-\frac{x}{15}$ になるので，

$$1-\frac{x}{15}=0.81^{\frac{2t}{1000}}$$

となる．

相違数 x を図中の 13.5, 12.6, 11, 5.5, 4, 1 とすると，それぞれ t は 5500, 4300, 3100, 1100, 740, 160 という数になり，この年数分，現在から遡った年代に言語が分岐したということになる．

この実験では使った語彙がたった 15 しかない．また，客観的基準で選んだものでもないので，この結果はちゃんとしたものではない．それでも，もっともらしい感じが出ている．スペイン語とフランス語はロマンス語派だし，英語，オランダ語，ドイツ語はゲルマン語派でありうまくまとまっている．この二つのクラスタと，ギリシャ語，ロシア語の分岐は歴史として既知の年代よりずっとまえに分かれたことも結果に出ている．

分岐した年代は実際に想定されている年代よりもだいぶ若い値だ．これは一因としては単語の選び方のせいだ．下で述べるように対比が面白い同源の単語を選んだという面があるだろう．

◉—— 表中の語彙

それでは表 17.1 中の単語のいくつかを説明しよう．「父」を表すことばは，ほとんどの言語で father と同起源のことばであり，p や f で始まる単語である．ドイツ語とオランダ語の v は f の発音である．father と同起源でないのはロシア語の父(otets)だけで，これは英語の daddy と対応する語かもしれない．

「頭」を表すことばは，本来 kaput という形であった．英語の head やオランダ語 hoofd は k が h に変わった結果のものだ．それはスペイン語の頭と同起源である．ほかのドイツ語 (Kopf)，ロシア語(glava)，ギリシャ語(kefali)は別系統のことばである．ドイツ語では head と同源の Haupt という語に残っているが，頭（かしら)とか主部のような意味にシフトしている．

「足」を表すことばは，かなり共通していて，ped または pod がもとの形である．それは octopus（タコ)，tetrapod（テトラポッド)，pedal（ペダル)という単語にも含まれている．

「手」というのは hand 系のほかにフランス，スペインでは，man という形が

もとにある．manual（マニュアル），manuscript（マニュスクリプト），manage（マネージ），manner（マナー）にそれが含まれている．どれも手でなにかするということで関係している．

「大きい」についていえば，ドイツ語，オランダ語，フランス語は英語の great と同一起源のことばである．ギリシャ語の大と小（megalos, mikro）はメガとミクロとしてわれわれにもなじみ深い．ドイツ語，オランダ語の klein は英語の clean（きれいな）と同起源であり，意味がずれていった一例だ．

「水」を表すフランス語とスペイン語は aqua の系列である．aqualung（アクアラング），aquarium（アクエリアム）にそれが入っている．

「石」については petro というもとの形から来る語形が多く使われている．キリスト教の使徒のペテロもこのことばから来ている．ピーターやピエール，ピョートルという人名もそのペテロから来ている．

◉―― 犬を表す単語

「犬」については，少し詳しく述べる．英語の dog は，ほかにないことばである．広く使われているのがドイツ語の Hund と同系列のことばである．英語には hound ということばがある．これは同源だが猟犬という意味にシフトしていき，犬一般は dog という別の単語を使うようになった．head の場合と同じようにこれらの h はもとは k であった．さらにさかのぼると，推定されている祖語の形は kwon である．

フランス語の chien もそれから来ている（ちなみにイタリア語では cane，ポルトガル語では cão）．ロシア語（sobaka）もそうであり，s が k から，b が w から来ていて ka は指小辞である（ウォツカのカと同様，マトリョーシカにもついていた）．

ダックスフント（dachshund）の hund もこのことばだ．コーギー犬（corgi）はケルト語派のウェールズ語から来ていて，コーが小さい，ギーが同じ起源である．kennel（犬小屋），Procyon（プロキオン，星の名），canis majoris（大犬座），canine（犬歯）などにも kwon から来たものが含まれている．

さて，「犬」の音読みは今はケンである．しかし昔の仮名遣いだとクヱンであり，もとの漢語は kwen に近い形が想定できる．これは kwon と非常に似た形である．

犬は12000年以上前，オオカミを飼い馴らすことにより，ユーラシアのどこかで家畜化されたらしい．犬というものが初期のインド・ヨーロッパ語族と東アジアの民族の間で伝わるのと同時に，kwenとkwonのもとになる単語も伝わったと想像することは可能だ．

ナマエとname，ホネとboneなどのように無理やり同源であると主張するとトンデモ語源学になってしまう．しかし，犬のような文化的な語彙はその伝来とともにことばも伝わるので対応する可能性はある．

昔，英単語の学習でkennelを「犬《ケン》寝る」と覚えた．kenとケンが遠い昔につながっていたとしたら何か面白い．

第18話 疑問文への応答

——「はい」と「YES」は違う

日本語では諾否や真偽を尋ねる疑問文には「はい」や「いいえ」で応えればよいので，単純に思われるかもしれない．しかしそう簡単ではなく，世界のことばをみるといろいろなスタイルがあって奥が深く面白い．

◉—— コラッツの問題

ここで一つの題材として，「コラッツ(Collatz)の問題」を取り上げる．「角谷の問題」とか，「$3n+1$ 問題」ともいい，子供も理解できるものなのに，その証明は数学の未解決問題だ．

正の整数 n をとり，n が偶数なら $n/2$ を，奇数なら $3n+1$ を求めてそれを次の n にする．これを繰り返す．そうするとどんな n の初期値からスタートしても必ず 1 に至るという予想である．

たとえば，7 からスタートすると，

$$7, 22, 11, 34, 17, 52, 26, 13, 40, 20, 10, 5, 16, 8, 4, 2, 1$$

というようにして 1 になる．

こうしてできる数列のふるまいの可能性としては，次の三つがある．

- 1 に至る(4, 2, 1, 4, 2, 1, … というループに陥る)
- (1 を含まない)ループに陥る
- 無限に発散する

このうち最初の場合しかない，という予想なのである．昔，これを大きい n の初期値までチェックするプログラムの競争をして記録を取っていたことがある．今日ではだいぶ大きい桁の n までチェックが進んでいるようだ．たまに知らない人から不可能問題や未解決問題の「証明」が送られてきたりするが，多くの場合，誤りがある．コラッツの問題はそうした問題の一つだ．

この証明は今日でもだれもできていないと考えられている．$3n+1$ のところをほかの $an+b$（たとえば $3n-1$）にしたらこの予想はもう成り立たない．

さて初期値を与えてから1に至るまでの計算手順を流れ図（フローチャートともいう）にしたものが図18.1である．予想が正しいということはこのループから必ず抜けるということであある．

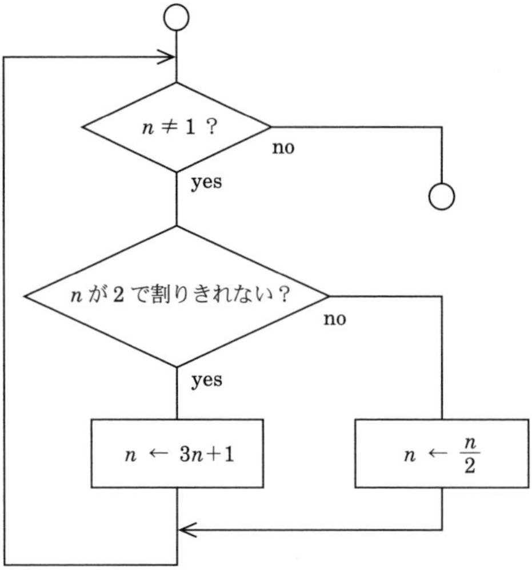

図18.1　コラッツの問題の流れ図その1

実はこの流れ図のなかに誤りがある．どこが違っているかわかるだろうか．その答えは，次の話にかかわるものだ．

◉―― 否定疑問文への応答

「数学が好きでないですか？」に対する答えは，日本語だと「いいえ，好きです」，「はい，好きでないです」だが，英語だと「Yes, I do」と「No, I don't」になり答え方が逆である．表にしてまとめると，次ページ表18.1, 18.2のようになる．このように否定の疑問文では，日本語と英語では答え方が逆になっている．

筆者を含めて多くの日本人は英語が苦手だが，否定疑問文に即応することも

表 18.1　日本語の答え方

質問＼答	A である.	A でない.
A である？	はい	いいえ
A でない？	いいえ	はい

表 18.2　英語の答え方

質問＼答	A である.	A でない.
A である？	yes	no
A でない？	yes	no

その一つだ．うまく yes／no と答えられたとしても，首を縦に振るか横に振るかを間違ったりする(首の振り方も逆だ)．一つの対策として yes／no を言わず，「I do」「I don't」としか言わない手もある．

われわれ日本人は，もともと「はい」と「いいえ」を頭の中で考えていたものをそれぞれ「yes」と「no」に置き換えて使ってしまいがちである．テレビのクイズ番組や週刊誌の占いなどにある二者択一の分岐のところではたいていこの間違いが出てくる．たとえば，性格占いで，「わからないことはとことん調べないと気がすまない」という項目に対して，yes の分岐は「気がすまない」方になっていたりする．

◉―― 流れ図の誤り

図 18.1 のなかの誤りもこの話だ．誤っているのは菱形の分岐のところである．しかも二つの分岐の両方ともだ．

最初の分岐($n \neq 1$?)を英語でいうと，

　　Isn't the number n equal to 1?

という否定疑問文である．すると，yes は $n = 1$ の方で，no の方は $n \neq 1$ である．二番目の分岐は，英語では

　　Isn't the number n divisible by 2?

ということになる．yes は割り切れる(n が偶数)の方で，no が奇数の方なのである．つまり両方とも分岐先が逆になっている．

「yes」と「no」をそれぞれ「はい」と「いいえ」に取り換えれば正しくなる．最初から「はい」と「いいえ」を使えばよかったものを「yes」と「no」にしたために図 18.1 は誤りになってしまった．

論文を書くときにはいっそのこと，「yes／no」も「はい／いいえ」も使わないのがよいと思う．図 18.2 (次ページ)のように具体的な範囲を枝に書くのがミスを産まないコツだ．

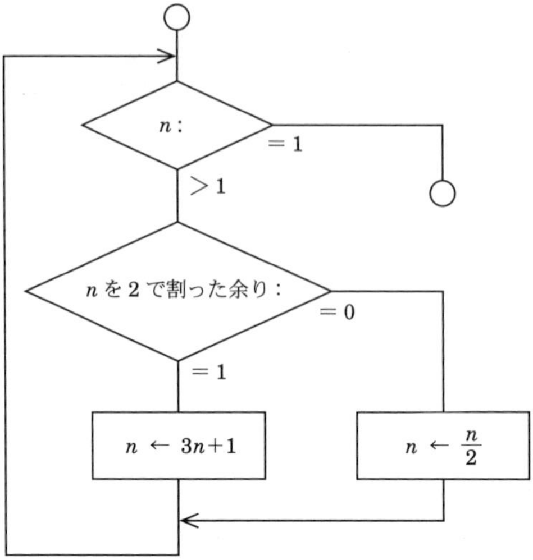

図 18.2　コラッツの問題の流れ図その 2

どうしても yes と no を使いたい場合は，疑問文の主文に否定要素があるかないかに十分注意を払う必要がある．ただ，それでも否定疑問文に対する正しい yes／no の使い方をしても，一般の日本人に誤解されてしまうことになる．

「$x \leqq 3$」といった表現でも

　　x is less than 3 or equal to 3.（x は 3 より小さいか 3 と等しい）

には否定がないが，

　　x is not greater than 3.（x は 3 より大きくない）

と読むと否定が入る．

◉—— if-then-else は日本語式

数学的定義や論理記述で必ず使う if-then-else は日本語的である．つまり

　if（疑問文の真偽値）

　　then（「はい」のときにすること）

　　else（「いいえ」のときにすること）

となっている．if のあとの条件 C をその否定 $\neg C$ に置き換えたら then と else が逆転するのである．

こう考えると，日本語の方式の方が数学的にすっきりしている．図 18.1 と

図 18.2 の菱形の部分は if-then-else である．then と else の枝にそれぞれ yes と no と書くとまずい例である．

◉―― 例外的なこと

日本の「はい」と「いいえ」の答え方で，逆転する場合がある．それは勧誘や提案のときで，

東京に行きませんか？

と誘われたら，

はい，行きましょう．

とか

いいえ，行けません．

と答えるだろう．質問ではなく勧誘や提案であることが認識されると，答え方が逆転するのだ．

◉—— 未知の言語とうそつきのパズル

疑問文への応答方式がパズルにならないかと考えて，一つ作ってみた．

> 今，ある未知の言語が発見されて，「はい」と「いいえ」または「yes」と「no」に相当することばがそれぞれわかっている．肯定(「はい」や「yes」)の方を X，否定の方を Y とする．しかし．日本式か，英語式のどちらかがわかっていない．
>
> 今そのことばを使える人がいるが，うそつきかもしれないし正直者かもしれない．正直者はつねに正しい答え方をするし，うそつきはそれと逆の答え方をする．
>
> X か Y で答える質問を一つして，どっち式なのかわかるようにするにはどう聞けばいいか？

答えを考えてみてほしい．正直者とうそつきは反対の応答をするので，不可能のように思われるが，一つのやり方がある．ヒントは「その人のことを尋ねてみること」である．答えは最後に書くことにする．

◉—— 世界は日本語式か英語式か

疑問文への答え方について世界を見てみよう．まず英語式なのはヨーロッパに多い．

スペイン語は英語式である．sí (シー)が yes に，no (ノ)が no に対応する．

ロシア語は日本式のようである．да (ダー)が「はい」，нет (ニエット)が「いいえ」である．

アジアでは日本式が多そうだ．韓国語も日本式であり，それぞれ예 (イェ)または네 (ネー)と，아니 (アニ)だ．中国語ではそれぞれ「对」(トゥイ)と「不」(プー)ということばがある(別の言い方は後述)．

ユーラシア大陸の西端は英語式，東端は日本式である．そして，どうも日本語方式の方が多数派のようだ．

●── 3語の方式

ヨーロッパの中央にあるドイツ語は英語とも日本語とも違う，表18.3のような3語の方式である．

表18.3　ドイツ語の答え方

質問＼答	Aである．	Aでない．
Aである？	ja	nein
Aでない？	doch	nein

否定疑問文に対して，「いいえ，そうなのだ」とそれをあえて肯定するときにdoch（ドッホ）という．dochは英語のthoughと同じ語源のことばである．そのほかの部分ja（ヤー），nein（ナイン）は英語式である．

フランス語はドイツ語と同じ方式である．ja，doch，neinに対応することばは，それぞれoui（ウィ），si（シー），non（ノン）という．両言語ともインドヨーロッパ語族に属するが，フランス語はロマンス語派に，ドイツ語はゲルマン語派で，サブグループとしては別である．しかし隣り合っているので似てくるということがある．dochとsiということばがあるのもその一つである．それ以外に，「r」の発音を口の奥の方でするとか，「ü」(ウの口でイと言うウムラウトのu)の発音があるとかが共通している．ゲルマン語派の英語やロマンス語派のスペイン語にはこれらの特徴がない．

●── yesやnoがない方式

さらに面白いのがこうしたyes, noに相当する応答語がない方式というのもある．

中国語では，肯定と否定をならべて質問する形式がある．たとえば，

你去东京吗？

（普通の疑問文，あなたは東京に行くか？）

你不去东京吗？

（否定疑問文，あなたは東京に行かないか？）

に対して

你去不去东京？

（選択形式の疑問文，あなたは東京に行く？　行かない？）

という質問形式もある．これに対する応答は

去（行く）

不去（行かない）

である．いわば，which 疑問文のようにどちらかを選択させるものである．したがって「对」や「不」では答えられない．これは表 18.4 のように書ける．

表 18.4　中国語の選択疑問文の答え方

質問＼答	Aである．	Aでない．
Aである？・Aでない？	動詞	不＋動詞

つまり動詞か動詞の否定形で答えるのである．結局，中国語では二つの方式が併存している．

基本的に応答語がない言語もある．フィンランド語では，肯定には動詞を，否定には否定動詞（助動詞のようなもの）を答える．

フィンランド語では人称や数，時制で動詞の形が変わる．それを質問の動詞の形を復唱して言うわけである．英語でなぞらえて言えば，肯定では，go, goes, went のような動詞を言う．否定する場合は don't, doesn't, didn't のような語を言う．

◉── パズルの解答

この問題のみそは，正直者とうそつきがうまく同じ答えをするようにすることである．そのためには相手がそのどちらであるかにかかわることを質問に入れることが必要である．もっとも単純な解答は下の二つである．

> 「あなたは正直者ではないですか」と聞く．正直者は正直に，またうそつきはうそをついて，どちらも「【いいえまたは YES】（正直者です）」と答えるはずだ．だから X と答えれば英語式であり，Y と答えれば日本式であ

ることがわかる.

「あなたはうそつきではないですか」と聞くのも可能だ. その場合もやはり正直者は正直に, またうそつきはうそをついて, 今度は「【はいまたはNO】(うそつきでないです)」と答える. だから X と答えれば日本式であり, Y と答えれば英語式であることがわかる.

第19話 「すべての」と「ある」の論理

——Everybody Loves Somebodyの意味

数学を勉強するとき，引っかかってつまずく箇所がいくつかある．その代表的なものが ε-δ 論法である．

$$\lim_{x \to a} f(x) = c$$

といった極限値や収束という概念を厳密に定義するのが ε と δ による式で，2種類の限量子($\forall$ と $\exists$)が重なって出てくる．しかしこのような論理は簡単なものなら日常のことばにたくさん現れる．それを意識すれば，数学でもつまづきにくい．

◉—— Everybody Loves Somebodyという曲

戦後ヒットした，Everybody Loves Somebody (誰かが誰かを愛してる)という有名な曲があり，ディーン・マーチンやフランク・シナトラが歌っている．団塊の世代以上の人は耳にしたことがあるだろう．どんな曲かは youtube で検索してみればわかる．この曲名の意味を題材にしてみる．

さて，この日本語の曲名『誰かが誰かを愛してる』は，意図的であるかもしれないが，大変な誤訳である．

◉—— 述語論理

説明を進める前に，述語論理(predicate logic)について述べておこう．述語論理は，知識や言明を厳密に記述するための道具である．下のような6種類ほどの部品を組み合わせて述語論理の式(formula)を作る．

変数(variable)は値が入る枠組みのようなもので，まずは数学やプログラミングの変数と考えてよい．ここでは大文字の英字 T, U, W, X, Y, Z などであらわす.

定数(constant)は文字列や数値である. 固有名詞もすべて定数である.

関数は引数付きの定数である. ファンクター(functor)ともいう. ただし, 関数値が存在するわけではない. 単にそのような形というだけである.

述語(predicate)はもっとも大事な役割を持つもので, 自然言語の文でいえば, 主動詞に対応する.

つぎの結合記号という演算子のようなものがある.

$\neg$ (not), $\wedge$ (and), $\vee$ (or), $\rightarrow$ (if-then)

最初の $\neg$ だけ引数の数が1個で, ほかは2個である.

限量子(quantifier)は変数と組み合わせて使う. 全称限量子(universal quantifier)と存在限量子(existential quantifier)があり, それぞれ $\forall$, $\exists$ と書く. 限量記号, 量化記号ともいう. $\forall X\cdots$ という形で使い,「すべての X に対して $\cdots$ となる」と読む. $\exists X\cdots$ は,「ある X があって $\cdots$ となる」と読む. ここで大事なのは $\forall X$ や $\exists X$ の機能の及ぶ範囲(scope)である.

この述語論理は一階述語論理(first-order predicate logic)というもので, 十分広い適用範囲を持っている. これをベースに表現自身をデータで扱える高階の論理, 時間軸を持つ論理, 可能性を表現する様相論理等の論理体系も発展している.

◉―― 述語論理式の形

いろいろな述語論理式の例を示そう. わかりやすいように定数や述語名を日本語にした.

犬(ポチ)

はポチが犬である主張だ. ポチは定数で, 犬は犬であることについての述語である.

$\forall X$(犬$(X)\rightarrow$吠える(X))

というものは,「すべての X に対してそれが犬ならば吠える」ということで, すべての犬が吠えることを表せる.

「孫」ということばの定義は

$\forall X\forall Z((\exists Y$(子$(X,Y)\wedge$子$(Y,Z))\rightarrow$孫$(X,Z)))$

となる. すべての X(本人)および Z(孫の候補者)に対して X の子で, Z を子

に持つような Y が存在すれば，Z は X の孫である，ということになる．

述語論理の式はこのように数式と同様に木構造をしている．そして葉の部分には，アトム式(atomic formula)，つまり述語に引数が付いた形が来る．たとえば，犬(ポチ)とか，吠える(X)というものである．

●── 曲名の意味

日本語訳の曲名『誰かが誰かを愛してる』を論理式にすると当然次のようになる．

$$\exists X \exists Y \, \mathrm{love}(X, Y)$$

これでは，世界中の人々が自分を含めてすべて互いに嫌いであるなかで，例外的に a さんが b さんを好きである場合でも，成り立つ論理式である．

「Everybody Loves Somebody」の訳は「誰でも誰かを愛する(ものである)」というのが適切だろう．これらの意味の可能性は一つではなく，次の二つが考えられる．

$$\forall X \exists Y \, \mathrm{love}(X, Y) \tag{19.1}$$

$$\exists Y \forall X \, \mathrm{love}(X, Y) \tag{19.2}$$

(19.1)の方は，各人(X)に対してそれぞれ誰か(Y)がいて，X が Y を好きであるということである．(19.2)の方は，ある特定の人物(Y)がいて，みんな(X)がその人を好きであるということだ．このように $\forall X$ と $\exists Y$ とをひっくりかえすと違う意味になる．

前述の曲のタイトルにおける意味をさらに吟味すると(19.1)の方になる．ところがこれを受け身にして，

Somebody is loved by everybody.

とすると，ほとんど(19.2)の意味になる．もとの文と受け身の文とでは，論理的な意味は同じであるはずだが，これはその例外だ．

歌詞のつづきは次のようになっている．

Everybody loves somebody sometime,
Everybody falls in love somehow,
…… my sometime is now.
…… my someplace is here.
⋮

結局，everybodyの1人が自分で，somebodyとはあなただよ，という愛のことばなのであった．

◉—— 導出原理

ある述語論理式から別の述語論理式を導き出すのを推論という．その公理はいくつもあり，どれをどう適応するかには複雑な過程を要する．記号論理学ではそのようなことをしているが，計算数学では導出原理(resolution principle)というものがA. J. Robinsonによって考えられた．

導出原理ではなんと推論の方式は1種類しかない．そのこと自身もresolutionという．

導出原理では述語論理の式の形の代わりに句(clause)という形式を用いる．これは，アトム式またはアトム式の否定を，$\vee$ だけで結合して並べたものである．述語論理式は木構造をしているが，句はフラットな列構造をしている(しかも並べた順序も関係がない)．

たとえば，前述の「犬ならば吠える」は

$$\neg 犬(X) \vee 吠える(X)$$

である．

◉—— 述語論理式から句への変換

まず，われわれの知識を記述した述語論理式を句に変換しなくてはいけない．句の方がずっと簡単な構造なのでこの変換は不可能に見えるが，可能なのである．変換はまったく機械的にできる．導出原理では変換のあと，推論を行う．

簡単にいうと，述語論理式に対してド・モルガンの法則や $\wedge$・$\vee$ の分配法則を繰り返し使って，木構造の幹側から葉に向かって

$\wedge$・限量子と変数・$\vee$・$\neg$・アトム式

という階層になるようにする．

部分述語論理式を α, β, γ とすると，変換の基本操作は

$$\neg(\alpha \wedge \beta) \Rightarrow \neg\alpha \vee \neg\beta$$

$$\neg(\alpha \vee \beta) \Rightarrow \neg\alpha \wedge \neg\beta$$

$$\neg\neg\alpha \Rightarrow \alpha$$

$$\neg\forall X\alpha \Rightarrow \exists X\neg\alpha$$

$$\neg\exists X\alpha \Rightarrow \forall X\neg\alpha$$

$$(\alpha\wedge\beta)\vee\gamma \Rightarrow (\alpha\vee\gamma)\wedge(\beta\vee\gamma)$$

$$\alpha\rightarrow\beta \Rightarrow \neg\alpha\vee\beta$$

などのいくつかの等価な述語論理式のペアからなる．

◉――限量子の扱いと最後の処理

上の操作が終わったら限量子表現をなくす．存在限量子については，

$\exists X\alpha \Rightarrow \alpha$ 中の X を新しい定数名に置き換えた式

とする．たとえば定数名として a のようなものにする．今，α を満たす X が存在すると主張しているわけなので，その X を a という名前に仮に名付けるということである．そうしても論理に違いは出ない．

ここで $\exists X$ の左側(木でいえば根本側)に全称の限量子があった場合には，X がどうなるかはその変数のスコープ内なので確定せず，変数に依存する．つまり

$\forall Y_1\forall Y_2\cdots\forall Y_n\exists X\alpha \Rightarrow \alpha$ 中の X を新しい関数形に置き換えた式

とする．ここで関数形とは $a(Y_1, Y_2, \cdots, Y_n)$ という形である(スコーレム関数と呼ばれている)．

全称限量子は，意味的には全部そのまま残る．ただ $\forall X$ といった表記はなくてもわかるので書かない．

以上をすべて行った後，$\wedge$ を取り除く．すなわち，

$\alpha\wedge\beta \Rightarrow \alpha$　および　β

と分割する．この最終過程で，一つだった論理式が複数の句になることもあるわけである．

◉――述語論理式から句への変換例

孫の式なら

$$\forall X\forall Z((\exists Y(\text{子}(X,Y)\wedge\text{子}(Y,Z))\rightarrow\text{孫}(X,Z)))$$

$$\Rightarrow \forall X\forall Z(\neg(\exists Y(\text{子}(X,Y)\wedge\text{子}(Y,Z))\vee\text{孫}(X,Z)))$$

$$\Rightarrow \forall X\forall Z((\forall Y\neg(\text{子}(X,Y)\wedge\text{子}(Y,Z))\vee\text{孫}(X,Z)))$$

$$\Rightarrow \forall X \forall Z \forall Y(\neg 子(X,Y) \vee \neg 子(Y,Z) \vee 孫(X,Z))$$

となり，句は $\neg 子(X,Y) \vee \neg 子(Y,Z) \vee 孫(X,Z)$ になる．

式(19.1)は $\exists Y$ が中側にあるので Y は関数 $a(X)$ になり，

$$\mathrm{love}(X, a(X))$$

になる．これはだれでもその人のある種の相手 $a(\ )$ を好きであるという意味である．一方，式(19.2)は

$$\mathrm{love}(X, a)$$

になる．これはだれでもある人物(仮名) a さんをみんなが好きであるという意味である．

◉―― 導出の計算法

推論の手順は，まず知識を述語論理式で表す．次にそれをすべて句に変換する．その次に句の集まりに対して導出を繰り返す．

何かを導き出そうとするときの常套手段が背理法だ．この手法でもそうで，導き出したいものの否定を知識の中に入れる．そして空列を導き出す，つまり矛盾を生じさせる方向に推論を続けるのである．

◉―― 1回の導出

この操作は二つの句から新しい句を一つ作り出す．句の一方に一つのアトム式があり，他方に同じアトム式の否定がある場合に操作が可能となる．そして操作の結果は，両者の残りのアトム式全部をつないだ句である．

たとえば，●∨¬■∨▲と，◇∨¬●∨★という句の組では，●と ¬●がマッチするので，結果は ¬■∨▲∨◇∨★になる(簡単のため引数を省略した)．

◉―― 単一化

引数がある場合，そのなかの変数を定数に固定することにより，二つのアトム式を一致させることになる．これを単一化(unification)という．

犬は吠えるという句は

$$\neg 犬(X) \vee 吠える(X)$$

だった．ここでポチが犬という句は犬(ポチ)である．ここで変数 X をポチにすることにより，同一アトム式とその否定が出来上がる(犬(ポチ)と ¬犬(ポチ))．そして導出の結果は残りの部分の「吠える(ポチ)」である(吠える(X)でないことに注意)．つまりポチが吠えることがわかった．

◉── 三角関係？

前述の曲名の意味がなりたっているときに二人の人物がいて，同じ人のことが好きなのかどうかを導出を用いて調べてみる．

太郎と次郎が同じ人を好きであることの式は，

$$\exists Z(\mathrm{love}(\text{太郎}, Z) \wedge \mathrm{love}(\text{次郎}, Z))$$

である．このことを証明してみよう．

背理法で証明するので，まずその否定を変換して句を得る．

$$\neg \exists Z(\mathrm{love}(\text{太郎}, Z) \wedge \mathrm{love}(\text{次郎}, Z))$$
$$\Rightarrow \forall Z \neg \mathrm{love}(\text{太郎}, Z) \vee \neg \mathrm{love}(\text{次郎}, Z)$$

これと(19.2)との間では図 19.1 のように導出が進む．

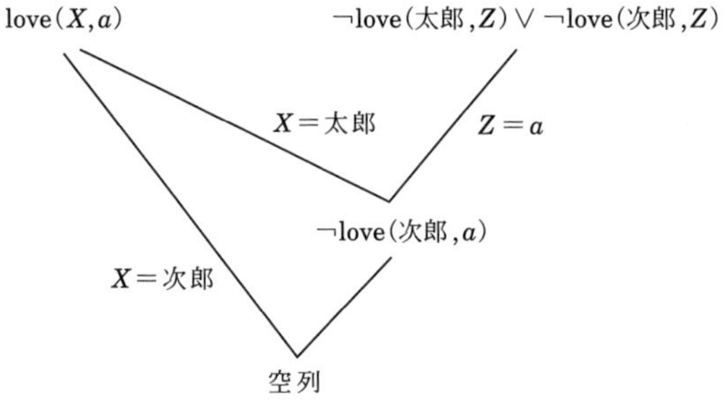

図 19.1 導出例

このように空列が推論されてしまった．これは矛盾を意味する．よってもとの問題が正しかったことが証明された．この証明の過程で同時に，太郎と次郎が愛する相手 Z が a であることもわかる．

意味(19.1)の場合はどうだろう．a さんの代わりに $a(X)$ つまり X の相手の人になっている．1 ステップ目はできるが，2 ステップ目の導出ができない．つまり，X = 次郎 としたら，$a(X) = a$(次郎) であり，これを a(太郎) に等し

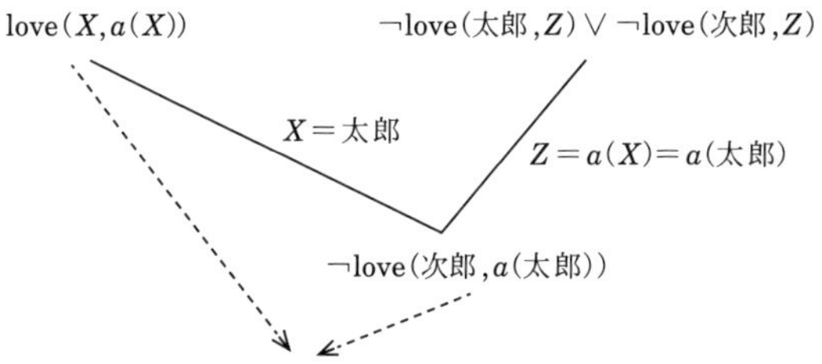

図 19.2 導出が進まない例

くできない．結局(19.1)では太郎と次郎が同じ人を好きだとは証明できない．

このように(19.1)と(19.2)は同じようにみえてまったく違うものである．かいつまんでまとめれば (19.1)は「みんなはだれかを好きだが，それぞれたいてい違う人を好きである」であるので，太郎と次郎が同じ人を好きということは示せない．(19.2)は「1 人の人がみんなに好かれている」ので，太郎も次郎もその人を好きであることになる．

ε-δ 論法の理解でもこうした ∀ と ∃ の順序を十分理解している必要がある．

◉――「も」と「か」が活躍する日本語

日本語の話にもどると，その限量子の表現が興味深い．日本語では，疑問詞「どれ」「だれ」「どこ」「いつ」「どちら」「いくつ」に対して「か」を付けると存在限量子の表現になる．「なにか」「だれか」などである．疑問詞に序数詞が付く形もある．たとえば「何人か」「何百年か」などだ．格助詞などは「か」の後に付く．

疑問詞に係助詞の「も」を付けると全称限量子の表現になる．「どれも」「だれも」などである．「なんでも」「どこでも」のように「も」の前に「で」が挟まることもある．単に疑問詞だけでなく疑問詞を含む名詞句にも「も」が付く．たとえば，「どの問題も」「どこの子供も」という形になる．格助詞は「も」の前で，「いつからでも」「どこにも」のように言える．格助詞の「が」や「を」が付くべきところに「も」付ける場合は，「が」や「を」が落ちる．たとえば「だれもなにも食べない」のようになる．

◉—— ほかの表現

全称表現では「みな」「みんな」「全部」「すべての」などがあるし，存在表現では「ある」「一人の」があり「…がいる」「…が存在する」と後に示すこともある．

英語では全称表現では every のほかに each, all などがあり，存在表現のほうは some, a, a certain, one などがある．any が全称表現になったり存在表現になったりする面白い話題もある．

それぞれの語がニュアンスを持っていて，∀ と ∃ の順序にも影響を及ぼすことになる．

第20話　奇妙な文字列の自動生成

——ハナモゲラ語と確率

しばらく前に大橋巨泉というタレントがいた．昔，彼がテレビのコマーシャルで短歌のような意味のわからない奇妙な文字列をしゃべっていた．「みじかびの，きゃぷりきとれば，すぎちょびれ，すぎかきすらの，はっぱふみふみ」というのだった．

筆者はパソコンが世に出た時代に，もうそんな文字列を自動生成するプログラムを書いていた．それを思い出しつつ奇妙な文字列の生成実験をしてみる．

◉——ハナモゲラとハッパフミフミ

大橋巨泉は，1960 年代から 1980 年代にかけて活躍したタレントで，『11《イレブン》 PM』という有名なテレビ番組で長く司会者をしていた．音楽や競馬などの評論家もしたし，政治家にもなった．ギフトショップを海外で経営する実業家にもなった．彼が万年筆のコマーシャルで言っていたのが上のことばで，当時知らない人はいないほどだった．アドリブで言ったことばだそうだ．

筒井康隆らによる「ハナモゲラ語」と名付けて無意味な文字列を言うアート的運動があったが，それもこのことに関係している．タモリの「四か国語麻雀」という芸もある．ラジオから聞こえてくる中国語や韓国語の口調をおぼえて，それを使って各国の雀士が言い合う様子を演じた．

◉——奇妙な文字列をどう作るか

こうした文字列を自動生成するにはどうしたらよいだろう．でたらめに文字を並べていくのではだめである．それでは単なる記号の並びであり，何も感じることができない．逆にしっかりした日本語文を生成するのでもだめである．それでは普通の文になるだけだ．

そこで考えたのが，文の表面的な性質だけをまねた文字列を作ることだ．一つの案は，構文とか意味とかはいっさい考えず，文を構成する部品の統計的な性質だけをまねることである．

これは自然言語処理にかかわらないので，単純なしくみでできる．文章を部品の列としてだけとらえる．

◉―― 部品の列としての文書

世の中のものはたいてい，全体から極小の部品までが部分全体階層という階層を構成している．日本語の文章の場合は，全体から部品の方に向かって，

全データ → 文章 → 文 → 句 → 形態素
→ 漢字・仮名 → 仮名(読み) → 音(子音・母音)

という階層になる．

ここではこのなかから三つの階層を使い，その頻度を取って統計的な性質をみることにする．第一のものは形態素である．これはいわば単語のことで，助詞や助動詞も形態素だ．第二のものは漢字・仮名で，1 文字のデータである．第三のものは仮名で，漢字を読み下し，片仮名と平仮名を区別しない．

◉―― 頻度と確率

ここで，この部品の出現頻度を考えよう．テキストは部品の列である．そのなかの一つの位置にある部品 w があるという事象についての頻度や確率を見るわけだ．その事象が起きる確率を $p(w)$ と書くことにする．

テキストでのその事象が起きる回数，つまりその部品の出現頻度を $f(w)$ と書き，テキストの延べ部品数を $f(all)$ と書く．そうすると確率は

$$p(w) = \frac{f(w)}{f(all)}$$

という式で推定できることになる．

条件付き確率について，連接する二つの部品についての共起を考える．部品 w' があるという事象の条件のもとに，その直後に部品 w があるという確率を $p(w|w')$ と書くことにする．一方これら事象が同時に起こる共起確率は $p(w'w)$ と書く．そうすると

$$p(w|w') = \frac{p(w'w)}{p(w')}$$

と表される．頻度にすると，

$$p(w|w') = \frac{f(w'w)}{f(w)}$$

$f(w'w)$ は並び $w'w$ の出現頻度である．連接した二者を表す，バイグラム（bigram）ということばも使う．

◉—— 頻度を求めるためのテキスト

こうした頻度データを作るために用いるテキストとしてここでは，だれでも知っている昔話を使ってみる．『桃太郎』，『浦島太郎』，『金太郎』という三つの話である．このテキストは約 2500 個の形態素からなっている．文字数は約 4000 である．その先頭は，

> むかし/むかし/，/ある/ところ/に/，/おじいさん/と/おばあさん/が/住ん/で/い/まし/た/．/おじいさん/は/山/へ/しばかり/に/…

である．「/」で形態素の区切りを示している．区切りは形態素解析ツールによっている．

これをもとに作った頻度データはそれほど多くなく，また昔話であることでかなりの偏りがあるが，それがかえって不思議な奇妙さを増大させることになる．

◉—— 文字列の自動生成の方法

まず対比するものとして，単独の出現確率 $p(w)$ をそのまま使って部品列を作る(単頻度の部品列)．

本題は，条件付き確率を用いて部品列を作ることである．これは次のように先頭の部品から順番に決定していく．「文頭」という特別な部品があるとする．

- $p(w_1|\text{文頭})$ という確率で w_1 を決定する．
- $p(w_{n+1}|w_n)$ という確率で w_{n+1} を決定することを繰り返す $(n = 1, 2, \cdots)$．

こうして $w_1 w_2 w_3 \cdots$ という列を得る．これを連接頻度による部分列ということにする．

w_{n+1} を選び出すところは，確率値を使わず，次のようにするのが簡便だ．つまり w' の直後にくる部品を，そのまま順に収録しておく．同じものが出てきてもなにも処理せず，その列にそのまま収録する．これをすべての部品ごとに行っておく．

w' に対する収録部品を $w(1)w(2)\cdots w(k)$ とすると，そこからランダムに一つ選んで w を決めることになる．

これにより次の 6 種の列を求めた．

- 単頻度の形態素列
- 連接頻度の形態素列
- 単頻度の漢字・仮名列
- 連接頻度の漢字・仮名列
- 単頻度の仮名(読み)の列
- 連接頻度の仮名(読み)の列

いったいどのような文字列になるだろうか．これらは文字列としてみたとき，それぞれの確率の観点からは統計的な性質がもとのテキストと同じなのである.

◉―― 形態素の単頻度による文字列

以下は，形態素毎の頻度でつながりを使わずに生成した列である．いわばもとのテキストをシャッフルしたものだ.

「おばあさん」とか，「浦島」とかの自立語があるのがすぐわかる．あとの文字列と比べて違和感が大きい.

だ，は．すると日・知りおばあさん，命のだます帰りをともぐったわたし．だ赤かお金この，限り酒盛りの，待つと．を鬼ヶ島ましなか桃太郎．・き．が日かからにがた鬼たち．てにで，金太郎山道．さんますやにがもうご浦島家鬼ヶ島ましきび大たまで上．みる日お？ 住んがを！ 行くここ川ですさん．なりにもしかしての，浦島にの聞いくださいありがとうがくたちまっ青,.,

◉―― 形態素の連接頻度による文字列

次のものは，形態素の連接の頻度で生成した列である．読んでみると，格段に日本語的である.

少し意味がとれるようになると，奇妙さがますます強くなる．ロボットの世界で，より人間に近いロボットを作るとよけい不気味になる,「不気味の谷」という現象がある．この文字列はほかの五つのものに比べて普通の日本語に近いわけであるが，ずっと奇妙なものになった．奇妙さを味わえるように長めに示しておく.

竜宮？ はい，どこへ着きましたよ．はっけよい音楽が桃から，金太郎の勝手だろうを通りかかるとおばあさんはまっ青な．浦島さんはスクスク育ってしまいました．乙姫ですが暮らして，色とりどりの月日が困っていますので．はい．それでは，刀をご案内さだ，桃太郎のです．浦島さんが戻ってきました．それでは，金太郎が飛び出して山道を落とした．ふんわりと一緒にちがいない人ばかりに生えていなかった桃太郎さんが釣りをひっかき，わたしです．わたしの魚たちの勝ち！ すると中に付けた．ところで浦島さんの底へなんか？ 海の，強いなあ．ある時が出たおじいさんと，イヌともぐっていってしまいます．どうしよう．おともします．えっ？ はい，悪い者も，海のところにカメが次へやってきましたの美しい乙姫ですか？

◉—— 漢字・仮名の単頻度による文字列

次のものは，漢字・仮名の文字毎の頻度でつながりを使わずに生成した列である．これでは，でたらめ感が強く発音もできない．

うん出ゃた今が，またさ太れしす．島は桃すがも．一おせ続．ま，こ若い島のすり次こりを七うすてしもまううしにきいまもおンで鬼こで？ げらコた大こ子さうびとい．に？ つ来運なさかそり島見もしク行れるか家や,．ががいがてなきれはっんへすい姫まて．．がんしまへすがはそけん

◉—— 漢字・仮名の連接頻度による文字列

次のものは，漢字・仮名の連接の頻度で生成した列である．頻度をとるテキストが多くなかったので，「鬼ヶ島」とか「浦島」とかが再現されてしまう．「鬼」の後には「ヶ」しか，また「浦」の後には「島」しか続かないからである．

その効果もあり少しは読みやすい文字列になっている．新語になりそうなことばがいくつも見られ，ハナモゲラ性の度合いが高くなった．

そしたなるとも友だはどもにな死んをつきな光が，向ころいってきなは，どこと，次はくったちの勝つく家へ出会うしたちのつき，今ましたちとおじゃないえ，金を見事，キジに，浦島へやシカメを開けどうしたの子をあさ．竜宮？ 鬼ヶ島と，大変わた浦島へ行くり，ふとりが住んに差して，魚ただよしむかな．ああります ました．おやご案内さんたちの帰りは年がて，こは見るださんだろそのサルと，出したちの家に，浦島さんがいぞ．

◉―― WORDのスペルミス表示

この原稿はワープロとしてWORDを使って書いている．WORDではスペルミス(つまり書き誤り)の可能性が高い語句を検出してくれるようになっている．赤色の波型のアンダーラインで出てくる．これの出てくる割合は，文章が日本語らしいかということの簡単な尺度になる．

ここまでに出来上がった文字列について，このアンダーラインの頻度を調べた．表 20.1 は，20 行ほどを見て赤色のアンダーラインを数え，1 行当たりの数に変換した値である．アンダーラインの個数はなかなか正確に数えられない．二つがくっついているかもしれないし，一つの誤りが行末から行の先頭にかかっていて分離されているかもしれない．そこで客観的にするために，単純にアンダーラインを数えた．

表 20.1　1 行当たりの WORD の誤り候補表示回数

	頻度のみ	連接有
形態素列	1.5	0.1
漢字仮名列	3.3	1.7

連接の条件を利用して作った形態素の列はほとんど誤りがないとことがわかる．また形態素の頻度のみによる列では多くの誤りがある．これはWORDのスペルチェッカーは，隣り合った形態素の隣接関係はよく見ているが，構文情報や意味情報は見ていないらしいということを示している．

◉―― 仮名(読み)の単頻度による文字列

漢字のことばを読み下して，全部仮名文字にしてから処理を行ったものが以下のものだ．

まず頻度だけから生成した仮名の列である．日本語として読めない個所がいくつもあることがわかる．「ン」「ヲ」「ッ」から始まるもの，「ナョ」のような形など日本語の決まりに合わない部分が多い．

　アオチチイチッ，ン，ンイイタキミモマニ，ヲサウ，サニ．イナョママシマニサダダテニイゾンテ．マウコセクウタクカヲ，ダナウヨ．カマウ，マトカオシッエタナアガッアノテクテハド，ンニヲダタニラハマフママニリシ，ヘウシサドクノグ，カガ，シュデテニノモクシノコエケサイマロタ，ヤ

◉―― 仮名（読み）の連接頻度による文字列

次のものは，仮名の連接の頻度で生成した列である．二文字のつながりで見れば，もともとテキストにあったつながりだけで生成されている．したがって，すべて読める仮名列になっているはずである．

キガイ，カリヲシマヘイダンダノナヨシテクラセニイトイサテイチノオト，チノコノソノカワタリガリママシタノニノマシュウヲキマサンゴリュウグウサアサア，ドウラシタ．ト，モチノシヨイマシダノメサンハ，イチガデス．コボシヲトツタロノキマシマサント，ソウニサルムラダサンネンガ，オトオト，ドウデイ．オナ．ツタイ．ウミツギヘイココウハ，モタロウグウドモモヲモヲウモ，マサンゴヲツカミン．ドルト，キンネンネヲアアルカメヤ？ ハ，モノオトオカヘツクリマオジイマカイ，ドハ，ドッタリ．

◉―― 仮名の連接頻度による短歌

次のものは，短歌のように，五七五七七という拍毎に，句読点の類が来るようにするという制限のもとに，上と同様の連接文字生成を行ったものである．句読点の類は参考になるので，消していない．

文字列を生成するとき，その区切りの位置に句読点が来なかった場合，その試行を捨てるようにしている．これで統計的性質を維持している．

小さい「ャュョ」などは直前の仮名と結合して1拍になる．したがってそれ以降の五七五七七の区切り位置は，1文字分増えるようにしてある．小さい「ッ」はそれ自身で1拍であるのでそういうことはない．

マトバカエ，コボクチュウコノ，イニノデス．スカニンガシタ．チジメテイサン．

コロニモモ，ノマリマヘンハ，キナイスガ，アイルトリデス．オクレデ

スモタ.

オニハイキ, フトオオッテイ？ リマショデハ, ヒラシムラカニ, ソコヲツカモタ.

ココデスカ？ ヌハイマシカラ, トコヘオレ, サルワタタマス. キンガドコロウ.

ウヒャナイエ, オキジイクダハ, ウヲミノタ. オリヲアゲデス. サンゴザイエニ,

キモウグウ？ マオニイヌハカ？ アリダッテ, ロウノッテバア, サアルダロウス.

「大橋巨泉のハッパフミフミ」的な短歌がうまく出来上がっているだろうか. 声に出して読むとちゃんと発音できることがわかる. 一方, 意味をとるのはなかなか不可能だ. 何度も読んだり, 覚えたりするとシュールな感覚になってくる. ためしてみてほしい.

第 20 話では簡単な頻度の計算であったが, 実はこれは今日的な技術につながる. テキストマイニングなどのビッグデータ処理に密接に結びついているものでもあるのだ.

第21話 「は」と「が」の違い

——日本語の独特な特徴

わたしたちは日本語を完全に習得して自由に使っているので，日本語について十分理解していると思っている．しかし，たとえば留学生に日本語の間違いを指摘したとき，「なぜ」と問い返されて説明に困ることがある．「ことばを使う能力」と「ことばのメカニズムの理解」とはたいへん差がある．その説明に困る例が「は」と「が」の違いだ．第21話ではそのあたりから考えてみよう．

◉——穴埋め

『桃太郎』の話は下のように始まるが，そのなかで□に入る仮名はなんだろう．

> むかしむかし，あるところにおじいさんとおばあさん□いました．おじいさん□山へ柴かりに，おばあさん□川へ洗濯に行きました．

これはだれでもすぐわかる．最初が「が」で，あとの二つは「は」である．

なにかの事物について話すとき，その事物に最初は「が」が付き，それ以降には「は」が付くことが多いのである．ではなぜそうなのだろう．

◉——「は」はトピック

「は」と「が」の区別は，いくつも論文があるほどで，専門家も議論がまとまっているわけではない．しかし，ほぼ一致しているのは，「は」は話題(トピック)を表すということだ．話題とは，話者と聞き手(書き手と読者)のあいだで，伝えようとしているテーマである．そのテーマに関する情報が伝達される．

上の『桃太郎』の文の最初の□のところは，まだテーマとして確立していないので，「おじいさん」と「おばあさん」は，まだ話題ではない．存在を示すことで，はじめて話題として確立するわけだ．

「は」を「についていうと」と言い換えられることでも「は」が話題を示すことがわかる．英語でいえば「as for」を使えば，「は」の意味合いを出すことができる．

◉──「は」は既知情報

べつのことばでいうと，「は」は既知のものを表す．つまり，話者と聞き手が互いに知っていることに「は」が付く．そうでない文の主語は「が」になる．

話される事柄は，トピックになる以前は未知であるが，会話のトピックとなっている時点では当然既知になっている．

「は」はまた対比に使うこともある．「ミカンは好きだが柿はきらいだ」のような文がそうである．対象物が話者間で既知になっていなくても十分トピックであり，この用法も可能である．

◉──英語のなかの既知情報

さて，英語では「は」のような語はないが，実は密接に対応する部分がある．『桃太郎』の話で比べてみるとわかる．最初の，「おじいさんとおばあさんがいました」のところは「an old man」である．後に出てくる「おじいさんは」は「the old man」になる．

「the」は特定の対象を指示している．これは，聞き手がその対象が何を指すかを理解できていることを意味する．そう考えると，「は」と「the」は両者とも既知という性質を持っていて，対応しやすいということが予想できる．

◉──「は・が」と「the・a」とを比べる

そこで，「は」と「が」の関係が，英語の「the」と「a」つまり定冠詞と不定冠詞と相関があるのか，少し調べてみた．『桃太郎』の話の日本文テキストと，その英語の訳文を比較した．日本文のなかの「は」と「が」が付いている名詞が，英訳文中の名詞に付いた冠詞にどう対応するか頻度を調べた．その結果が表21.1(次ページ)である．

表 21.1　桃太郎での「は・が」と the の有無の比較

	the	固有名詞	代名詞	a または無
主節中の「は」	8	8	4	0
主節中の「が」	0	0	1	7
従属節中の「は」	0	0	0	0
従属節中の「が」	3	2	1	0

主節と従属節に分けて数えている．主節とは複文のなかで，句点の直前の用言を中心とした単文のことである．従属節とは主節にかかる部分のことで従属文ともいう．たとえば，

　　おばあさんが川で洗濯をしていると，（従属節）

　　川上から大きな桃が流れてきました．（主節）

と区分される．

表の上半分からわかるように，この例では主節の中の場合，完全に

　　は…the，固有名詞，代名詞

　　が…a，冠詞なし

と対応していた（「ぼくが」が一人称代名詞 I になるところが一か所ある）．やはり「は」と「the」がかかわっていた．また固有名詞や代名詞は the に準じて「は」に対応している．

同時に，従属節では「は」は使われず，すべて「が」が使われていて，この対応がないことがわかる．

◉―― theの使い方の技法

学生に英語の論文を書かせると，the をうまく使えていない場合が多い．ほとんどの名詞に the が付いていたり，また逆に the がまったくなかったりする．

最近のグローバリズムのせいで，初めて英語の論文や報告書を書かなければいけなくなった人も多いだろう．そうした初心者ならば上のように，「は」が付けば「the」を付けるという考えを試してみるとよい．これは 80% ほどの正確さがあるかもしれない．もちろん，少し上達したら，もっといろいろな状況を見て the を付ける技術を身に着けないといけない．

複文の日本文の場合，いったん従属節を単文に切り離してから「は」の付き方を観察して考えればいい．上の例では，

おばあさんは川で洗濯をしていた.

すると，川上から，大きな桃が流れてきた.

と分解する．そうすればおばあさんには「は」が付くべきだとわかり，それが「the」になると想像できる.

◉――「は・が」と「the・a」が異なる場合

「the」は多くの場合，既知かどうかを示す．しかし本質的には限定されているということであり，それが既知でない場合もある．たとえば「変数 x」はたいてい「the variable x」となる．「定理 1 の証明」は「the proof of Theorem 1」となる．名前や修飾句があることによって限定される．このような場合，それが初めて出てきたならば日本語では「は」は付かないことになる.

ほかにも最上級に付く the や，sun（太陽）に付く the など，既知かどうかにかかわらない場合もいろいろある.

◉――所有格にも theの性質

中学で英語を習っていたとき，a friend of mine（わたしの友達）という句が出てきて，とても違和感を持った．なぜ my friend でいけないのだろうか，と思ったわけである．そのときこの疑問は解けなかった.

勉強するうちにその答えがわかった．my のような所有格代名詞には「the」の機能が含まれているのであった．わたしの友達という意味で，特定されない場合は a friend of mine と言うしかなく，my friend というと特定されたわたしの友達を示すことになってしまうのだった．結局，表 21.2 のようにまとめるとわかりやすい.

なお，このことは英語の文法がそうであるというだけである．ほかの言語ではそうならないことも多く，イタリア語では il mio amico（順に，the, my, friend

表 21.2　定・不定と代名詞所有格の組合せの例

	原形	わたしの…
不定	a friend	a friend of mine
定	the friend	my friend

の意味)のように定冠詞と所有格を重ねる.

◉——「は」は主節に，そして「は」はなるべく先に

「は」の話にもどろう．前述のように従属節のなかでは「は」が使われない．そして「は」はなるべく先に言う．このことで，文法に合った構文構造の数が少ない数になる．次の文を考えてみよう．

太郎は買った魚を焼いた．

ここでは，「焼いた」のところが主節である．そして「買った」のところは従属節である．太郎には「は」が付いているので主節の一部になり，「太郎」は主語として「焼いた」にかかることになる．「買った」の主語は省略されている．そして省略されているものは主節の主語の太郎である．

「太郎は」が「買った」にかかっていると感じがちであるが，そうではない．結局，

太郎は((自分が)買った魚を)焼いた．

という構造になっている．以上は連体修飾の従属節であったが，「太郎は魚を買ってから焼いた」のような連用修飾の従属節でも同じである．

◉——係助詞と格助詞

「は」と「が」を対比してきたが，両者は助詞であるが種類が違う．「が」は格助詞であり，それ以外には「を」，「に」，「で」，「へ」，「から」，「より」，「と」，「まで」などがある．格助詞は，それが付いている名詞句が文の最後の動詞などの用言に対する役割を指定する．

「が」なら多くの場合主語(動作者)を，「を」は目的語(動作の対象物)を，「に」なら場所や相手を示すというわけである．日本語はもっぱらこうした機能を格助詞で表現する．すでに述べたように，英語では動詞に対するその名詞の位置と，前置詞とで表す．ロシア語では名詞の格変化と前置詞がそれに使われる．

一方，「は」は係助詞であり，そのほかには「も」，「すら」，「さえ」などがある．これは前述のトピック性とか，ほかの事象の存在のニュアンスとかを表す．係助詞は日本語という言語の大きい特徴になっている．

◉――「は」や「も」が「が」や「を」を隠す

したがって名詞の助詞が付く形式は，格助詞と係助詞が重なるのが自然で，

名詞句・格助詞・(係助詞)

という形になる(係助詞はなくてもいい)．たとえば，「わたしには」，「東京からも」という句である．

そうすると「がは」という形があることになるが，実際にはそれは出てこない．つまり「が」と「を」については，「は」や「も」が付くと隠される，という決まりがあるのである(表 21.3)．

表 21.3 係助詞と格助詞の重なり

	が	を	に	で	と	…	無
＋は	は	は	には	では	とは		は
＋も	も	も	にも	でも	とも		も

たとえば「太郎は魚を食べた」ならば「は」の裏に「が」が隠れていて，太郎は主語になる．『桃太郎』に出てきた「は」は，ほとんどこのタイプだった．

口語や古文では，「が」や「を」がなくてもよい(「わたしリンゴ食べるね」のような場合)．歴史的に見ると，この「が」や「を」がない形に「は」が付くことによって，この性質が生まれたのかもしれない．

「は」の裏に「が」があるか「を」があるかは，まわりの状況により異なるこ

とが起きる．たとえば，

　　りんごは食べる

という文では，「は」の裏に「を」が隠れている．

　　太郎は食べる

という文では，「は」の裏に「が」が隠れている．

　　イワシは食べる

だとどちらが隠れているかがわからない．ほかの格がすでに占有されていると

　　イワシはプランクトンを食べる

　　イワシは太郎が食べる

のように占有されていない方の「が」か「を」であるとわかる．この推定のメカニズムは，「プランクトンを食べるイワシ」，「太郎が食べるイワシ」のように，連体修飾の格を決めるときにも動作する．

◉──「も」の話

「は」はトピックを示す．そうすると「は」が付いたもの以外はあえて言明しない，というニュアンスを「は」が持つことになる．たとえば，「太郎は犯人だ」ならば他の人が犯人かどうかについては，伝達しない，あるいは不明であるという裏の意味を持つ．

「太郎が犯人だ」ではその裏の意味がない．したがって，他の人は犯人であることはない，というニュアンスを持つ．「も」の意味をこの「は」と「が」のニュアンスと対比するとわかりやすく，次のように書ける．

　　は…ほかに成り立つものの有無を示唆しない

　　が…ほかに成り立つものが存在しない

　　も…ほかに成り立つものが存在する

◉──「も」は強力

「も」ということばはとても強力な機能を持っている．英語の also や too は文にかかる副詞であるが，「も」は助詞だからである．「桃太郎は猿にもきびだんごをあげた」という文を訳すと

　　Momotaro gave a dumpling to the monkey too.

となる．しかしこの英文は，それ以外に

桃太郎も猿にきびだんごをあげた

桃太郎は猿にきびだんごもあげた

という意味も持ちうる．「あげる」に「も」が付いた，

桃太郎は猿にきびだんごをあげもした

という意味さえ持ちうる（たとえば，きびだんごを売ることもしたし，あげることもした，という場合）．

このように「も」は文中のどの要素にも付けることができ，その要素以外に他のものも同様のことが成り立つということを示唆するようにできるのだ．

英語の also と too や中国語の「也」は文にしかかかれないのでこのような区別は不可能である．これらは日本語でいえば「また」にあたる語である．

◉――韓国語の助詞

日本語の「は」や「も」について見てきた．これら係助詞は，かなり独特で他の言語にはなかなかないものである．ところが隣の韓国語には，ほとんど同じ体系が存在する．

韓国語の「は」は는（neun，ヌン）・은（eun，ウン）である．前者は母音終わりの名詞に付く，後者は子音終わりの名詞に付く．たとえば영어는（イングオヌン，英語は），수학은（スハグン，数学は）のようになる．「が」は가（ga，ガ），이（i，イ）である（同様に母音終わり・子音終わりに付く）．これらはほとんど「は」と「が」と同じように区別して使われる．

韓国語の「を」は를（reur，ルル）・을（eur，ウル）である（同様に母音・子音終わりで区別）．「も」は도（do，ド）である．そして係助詞のヌン・ウンとドがほかの格助詞に後続するのも同じであり，またヌン・ウンとドがガ・イとルル・ウルを隠すのも同じである．

最後に，ヌン・ウンの日本語とは少しだけ違う点について述べておこう．レストランでトイレに行くとき，客は従業員に「トイレはどこですか」と聞くが，韓国語では「が」に対応するガ・イを使い，「トイレがどこですか」に相当する語句になるようだ．客と従業員のあいだの会話では，トイレはトピックなのだろうか．日本語ではこの状況ではトイレのことだと予測的に考えてトピックになる．韓国語では初めて出てくる語なのでトピックにならないのだろう．

留学生は先生に「試験をいつやりますか」と聞くことが多いが，日本人学生は「試験はいつやりますか」という．同じ話である．

第22話　文の意味を求める仕組み

——格助詞で意味がどう決まる

第21話は「は」などの係助詞を話したが第22話では「が」などの格助詞，それで決まる意味について話そう．日本語では，格助詞によって文の中での名詞句の役割を示す．格助詞と役割とは対応しているが，一対一対応ではない対応のシステムがあり，それで文の意味理解ができることになる．

◉——格

格(case)とは文のなかで名詞句(体言)などが持つ役割を示すしるしのことである．日本語では格を格助詞で示す．たとえば

太郎がカレーライスを箸で食べる．

という文章があったとする．ここでは「が」,「を」,「で」が格助詞である．

格助詞とその役割の対応関係を「f(格助詞) = 役割」という形で書くと

f(が) = 行為者

f(を) = 対象

f(で) = 道具

ということになる．上の文が表す事柄を「出来事1」と名付け，これらをそれに適用すると

出来事1の行為者は太郎

出来事1の対象はカレーライス

出来事1の道具は箸

という意味構造が得られる．これに

出来事1の行為は食べること

を付け加えれば，文全体の意味が得られる．これは言語とは独立な論理的知識であり，推論や自動翻訳には都合の良い形である．

このような知識データはラベル付き有向グラフとして考えることができ，図

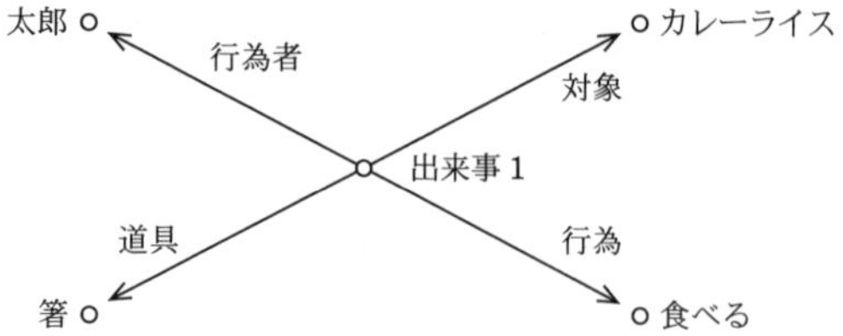

図 22.1　意味ネットワーク

22.1 のように描くとわかりやすい．こうしたグラフを意味ネットワークといって，基本的な仕組みとして早くから考えられた．そして数多くの知識表現のもとになった．

◉── 表層格

文のなかの名詞句の役割を示すには日本語では格助詞を使う．格助詞には，ガ，ヲ，ニ，カラ，ヘ，ト，ヨリ，マデ，デがある．それぞれガ格，ヲ格，ニ格などという．こうした格は文の中で表面的に出ているので表層格ともいう．

英語では文の中の名詞句の役割は，三つの方法で表される．第一が動詞に対する名詞句の語順だ(動詞の前の位置が主格，後の位置が目的格)．第二が前置詞である．第三が代名詞の格(I, me, he, him など)である．いずれにせよ，表面に見えている表層格である．

本来のインド・ヨーロッパ語族の言語，つまりその性格を色濃く残しているロシア語，ドイツ語，ラテン語などでは名詞の格変化が最も重要な働きをしている．上の三つのものでいえば，第三(語形)の役割が大きくなり第一(語順)が小さくなっている．

格についての議論は昔からいろいろあるが，見えているものを表層格，中にある意味を深層格として区別することですっきりした理解ができる．

◉── 深層格

表層格に対比して，文の中の名詞句のそれぞれの役割を深層格ということばで表す．深層格のリストの例を表 22.1 (次ページ)に示す．深層格は心の中の理解の問題であり，直接には観察されないものなので，厳密に定めることは難

表 22.1　深層格のリスト

深層格	意味	文例
行為者格	行為や存在の主体	太郎が食べる
対象格	行為の影響を受ける対象	卵を食べる
相手格	対象や便益を与える相手	猿にあげる
終点格	移動の最後の位置	東京へ行く
始点格	動作の始まる位置	東京から行く
場所格	動作・存在の位置	東京で遊ぶ
時間格	動作・存在の時間	日曜日に行く
道具格	道具・手段・材料	箸で食べる
基準格	比較の基準	卵より大きい
共同格	行為の共同者	太郎と遊ぶ
原因格	行為の原因・理由	疲労で欠席する
目的格	行為の目的	買い物に行く

しい．深層格は特定の言語とは独立であるという理念に基づくものだが，どうしてももとの言語の影響を受けてしまうこともある．

研究者や応用に応じて異なった深層格リストにもなり，その精密さもいろいろある．だいたい深層格の数は 10 から 30 個ほどにすることが普通だ．

表 22.1 にはそれぞれの深層格に対する典型的な例が書いてある．「が」を使うと行為者格に，「を」を使うと対象格になるといった具合である．しかし実際には表層格と深層格は一対一に対応していない．それでも人間は瞬時のうちに深層格を認識する．

◉―― 格支配と意味対応

では深層格を認識する過程はどうするのか．それぞれの動詞などの用言について，付き得る名詞と格助詞の組のデータを格支配という．

最初の例だと，「食べる」という動詞の一つの格支配と対応深層格は

「食べる 1」の格支配		対応深層格
ガ格	動物名詞	行為者格
ヲ格	物体名詞	対象格
デ格	物体名詞	道具格

というようになっている.

ここで動物名詞，物体名詞などは名詞のカテゴリーで概念階層のなかに配列されている．上の文だと，

太郎 ∈ 人間名詞 ⊂ 動物名詞

カレーライス，箸 ∈ 製品名詞 ⊂ 物体名詞

となっているので格支配の条件にマッチする．つまり認識が生じ，対応する深層格もわかる．（ここで，A ⊂ B で集合 B が集合 A を含むこと，x ∈ A で要素 x を集合 A が含むことを表す．）

◉—— 対象を表すガ格

ガ格は行為者格（いわゆる主語の格）であることがいちばん多いわけであるが，そうでない場合もいくつもある．それを見てみよう．

「太郎は花子が好きだ」という文は，たいていの場合太郎が花子を好んでいる，という意味だ．しかし，今，太郎・次郎の兄弟がいろいろな女性から好かれていて，太郎がだれから好かれているのだろう，という話になったときの答だとしてみる．するとこの文は花子が太郎を好んでいるという意味になる．

「好きだ」の格支配と対応深層格を観察してみると，

「好きだ 1」の格支配		対応深層格
ガ格	動物名詞	行為者格
ガ格	名詞一般	対象格

とガ格が重なっているのだ．好かれる対象はなんでもよいが，好意の意志をもつ主体は生き物でなければいけない．

「太郎は花子が好きだ」は，係助詞「は」の裏に「が」が隠れているとすると，

太郎 ∈ 人間名詞 ⊂ 動物名詞

花子 ∈ 人間名詞 ⊂ 動物名詞 ⊂ 物体名詞 ⊂ 名詞一般

と考えて格支配にマッチさせると，前者の解釈，つまり太郎が行為者で花子が対象になり，逆に，

太郎 ∈ 人間名詞 ⊂ 動物名詞 ⊂ 物体名詞 ⊂ 名詞一般

花子 ∈ 人間名詞 ⊂ 動物名詞

と考えると後者の解釈で，太郎が対象で花子が行為者になる．

こうした誤解を避けるために，対象格のほうに「のこと」を付け人間名詞を抽象名詞に変えることもよくある．たとえば「太郎のことは花子が好きだ」とする．そうすると

太郎のこと $\in$ 抽象名詞 $\subset$ 名詞一般

花子 $\in$ 人間名詞 $\subset$ 動物名詞

となるので，後者の解釈に限定できる．

このような格支配を持つ用言は，ほかには「わかる」，「いやだ」などがある．面白いことに，「わかる」と「理解する」は格支配が違い，「数学がわかる」に対し「数学を理解する」となる．

ガ格に対象格が来ることばには「見える」「聞こえる」などもある．また助動詞を付けた形でもそれがある．可能や願望の助動詞の場合，

「カレーライスが食べたい」

「英語がしゃべれる」

のようになる．

英語ではまったく別のタイプの現象がある．動詞の前に名詞を置くという表層格が対象格に対応する場合がある．一つの例は，他動詞 sell を自動詞として使い，

This book sells well.

というと，「この本はよく売れる」という意味になる．

◉—— 位置を表す格助詞

空間上の位置を表す深層格は，表 22.1 では 3 種用意してある．移動経路などのスタート位置を表す始点格，到着位置を表す終点格，および経路を想定せず単に地点を表す場所格であった．

ヲ格(英語でいう直接目的格)は対象格を示すことがいちばん多いが，位置にかかわる深層格を持つことがある．これを説明する前に，動詞のカテゴリーと，位置にかかわる深層格を概説しよう．

移動や存在から見た動詞カテゴリーは次のように分かれる．字下げしてあるところはサブカテゴリーだ．

存在動詞	ある・いる・住む
動作動詞	遊ぶ・食べる・作る
移動性の動作動詞	泳ぐ・歩く・飛ぶ
移動動詞	行く・来る・着く
始点型の移動動詞	出る・出発する

場所格，始点格，終点格の順に，格助詞による定まり方を述べよう．

「住む」や「ある」に「に」を付けると，場所格になり，「東京に住む」，「ここにある」のようになる．一方，「遊ぶ」や「泳ぐ」では「で」を付けて場所格になる(「東京で遊ぶ」，「川で泳ぐ」など)．「行く」や「出る」は経路を移動することを示すので，始点格と終点格だけが付き，位置固定の場所格は付かない．

「行く」や「出る」に「に」または「へ」が付くと，終点格になる．「東京に行く」，「外へ出る」などである．存在動詞や動作動詞には終点格が付かない．「泳ぐ」などでも，「に」や「へ」をあえて付けるよりも，「に向かって」を使って「岸に向かって泳ぐ」というと違和感がない．

始点格には「から」を使い，「岸から泳ぐ」，「東京から行く」，「中から出る」のようになる．

◉── 位置を表すヲ格

ヲ格が，場所格を表す場合をみよう．第一のものは，「川を泳ぐ」，「歩道を歩く」，「空を飛ぶ」などだ．これは移動性の動作動詞の場合である．そうでない動作動詞ではそうはならない(「広場で遊ぶ」であり「広場を遊ぶ」とは言えない)．

「川で泳ぐ」と「川を泳ぐ」はどちらも可能だが，同じ場所格でもニュアンスに差がある．表 22.1 の深層格リストではその差異に対応できていない．「を」の方は，その場所で移動しているというニュアンスを含んでいる．「で」はその逆に移動していないというニュアンスである．

第二の場所のヲ格は，「家を出る」，「東京を出発する」などである．これは始点格になり，「家から出る」のように「から」を使うこともできる．

以上をまとめると，次の格支配の断片と対応深層格のリストになる．

存在動詞	ニ格	場所名詞	場所格
動作動詞	デ格	場所名詞	場所格
移動性の動作動詞	ヲ格	場所名詞	場所格
移動動詞	ニ・ヘ格	場所名詞	終点格
移動動詞	カラ格	場所名詞	始点格
始点型の移動動詞	ヲ格	場所名詞	始点格

上に含まれていないが，ヲ格が終点格になる場合も少しある．「東京を訪れる」という形である．英語でも同様のことがあり，「I enter the room.」(わたしは部屋に入る)のように動詞の直後という表層格が終点格になることがある．enter, visit, reach がそうである．逆に「I leave the town.」(わたしは町から去る)の leave は動詞の直後にある場所名詞を始点格にする．

中国語は，動詞の前に行為者格，後ろに対象格を置くという点で英語に似ている(I love you と我爱你)．しかし，移動動詞の後に場所名詞を置くことができ，終点格になる．たとえば，「来东京」,「去东京」(東京に来る，東京に行く)となる．英語では終点格に to を使うが，中国語では to に相当する語を使わなくてよい．

「雨が降る」ということの文型は英語では違っていて「It rains.」だ．中国語でも「下雨」となり，「下」(降る)という動詞の後に「雨」が来る．この形式は古来からあるようで，日本語でも漢語なら「降《こう》雨《う》」という(ちなみに和語なら「雨降り」)．「下」や「降」の前に主語に相当する名詞が存在しないのはなぜだろうか．古代中国で，「(神様が)雨を降らせる」という形の表現があり，「神様が」が後に省略された，と想像してみることもできる．

◉—— 二格の用法

格助詞「ニ」は上のように場所に使う以外にもいくつかの用法がある．一つは相手格である．「太郎は花子にリンゴをあげる」は格支配と対応深層格

「あげる 1」の格支配		対応深層格
ガ格	動物名詞	行為者格
ヲ格	物体名詞	対象格
ニ格	動物名詞	相手格

によりニ格は相手格になる．

「行く」などの移動動詞では，次のようなパターンになる．目的格(英語の目的格とは違う)も含む．

「行く 1」の格支配		対応深層格
ガ格	動物名詞	行為者格
ニ・ヘ格	場所名詞	終点格
カラ格	場所名詞	始点格
ニ格	行為名詞	目的格

たとえば「買い物に行く」,「鬼退治に出発する」などである．

◉—— 使役や受身

たとえば「花子は太郎にカレーライスを食べさせる」という文は，食べる行為の行為者格がニ格で表されている．これは使役の助動詞「させる」による格支配の変形だ．

このように助動詞により格支配が変わる．前述の「食べたい」,「しゃべれる」でガ格が来るのもこれに含まれる．

「太郎がカレーライスを食べる」を受け身にすると,「カレーライスが太郎に食べられる」になる．受身では，

行為者格	ガ格 → ニ格
対象格	ヲ格 → ガ格

という変化になる．ただし日本語ではこのタイプの受身はそれほど多くない．行為者格が一般大衆であり述べない場合に使われる(たとえば,「漢字が使われ

る」).

面白いのが「花子が太郎にカレーライスを食べられる」という文だ．花子のカレーライスを太郎が食べ，花子が迷惑を受けた，という状況を表現している．これにかかわる受身の格は，

行為者格　ガ格 → ニ格
対象格　ヲ格(変化なし)
被害者格　ガ格(新たに追加した格)

という変化である．この意味構造を表すために，被害者格という深層格を拡張してある．そうしないと表現できない．

これは被害の受身，または迷惑の受身というものであり，日本語独特の表現で，英語に逐語訳するのが困難だ．

「今日は雨に降られた」とか「面白いことをいうと生徒に騒がれる」をニュアンス込みで英訳してみてほしい．

第23話　活用なしの日本文法

——ら抜きことばは体系的

「見れる」「食べれる」などの「ら抜きことば」は望ましくないことばの乱れといわれるが，文法から見れば体系的な姿である．このこととともに，動詞への助動詞のつながり方についての従来と違う考え方を述べよう．活用というものを使わず，単に動詞に助動詞が接着するとするのである．

◉—— ら抜きことば

ら抜きことばとは，「見れる」「食べれる」「教えれる」のような可能を表す言い方である．本来は，「見られる」「食べられる」「教えられる」というところをラを抜くわけだ．これはことばの乱れとして槍玉にあげられるものの一つだ．

ら抜きことばの詳細を見てみる．これは意味が「可能」を表す場合だけの問題である．「れる」「られる」は，受身・尊敬・可能を表す助動詞である（自発もあるが受身に含めておく）．尊敬や受身はもとの形で表現されるが，可能だけにら抜きことばが生じている．

また，ら抜きことばは活用が一段（上一段と下一段）の動詞で生じている．五段動詞では可能の形はすでに受身や尊敬と異なっている．「飲まれる」「行かれる」などに対して「飲める」「行ける」となる．これを可能動詞といっている．

ラ行の五段動詞はら抜きことばではないので混同しないようにする必要がある．「刈る」「去る」「乗る」の「刈れる」「去れる」「乗れる」はら抜きことばではない．

◉—— 可能動詞と歴史的経緯

「れる」「られる」の形は古文の時代からあり，近世まで，受身・尊敬と可能とをともに表していた．これは表 23.1（次ページ）のように書け，とても体系

表 23.1　近世以前の受身と可能の形式

	受身・尊敬・可能
五段動詞	ア段＋れる
(例)	書かれる，飲まれる
一段動詞	＋られる
(例)	食べられる，見られる

表 23.2　受身と可能の今日の標準的な形式

	受身・尊敬	可能
五段動詞	ア段＋れる	エ段＋る
(例)	書かれる，飲まれる	書ける，飲める
一段動詞	＋られる	
(例)	食べられる，見られる	

表 23.3　ら抜きことばを含めた受身と可能の形式

	受身・尊敬	可能
五段動詞	ア段＋れる	エ段＋る
(例)	書かれる，飲まれる	書ける，飲める
一段動詞	＋られる	＋れる
(例)	食べられる，見られる	食べれる，見れる

的だ．五段動詞と一段動詞(上一段や下一段の活用の動詞)の違いも areru と rareru と，r が付くかどうかだけの違いである(後述)．表 23.1 の形式は今も北海道の方言に残っている．

江戸時代になると江戸弁から，五段動詞に可能を表す短い形が生まれた．これが明治時代に普及して今日に至っている．これは表 23.2 のようである．一段動詞はもとのままである．

ら抜きことばが入ると，表 23.3 のようになる．一段動詞の可能形になり，短くなる．これを見ると，五段動詞で起きたことが再び一段動詞で起きていることがわかる．そして表 23.2 より表 23.3 のほうがすっきりと体系的で，逆に乱れがなくなった．従来の文法では可能形を可能動詞というカテゴリーで説明しているが，こうなると，可能形も助動詞として考えるべきである．

さらに表 23.4 (次ページ)のように，一段動詞のときに r が付加するしくみを考えることにより，五段と一段の違いもなしに形式を描ける．補う音を【 】で示す．

表 23.4　ら抜きことばを入れた統一的な表現形式

	受身・尊敬	可能
動詞 （例）	＋【r】areru 書かれる，飲まれる 食べられる，見られる	＋【r】eru 書ける，飲める 食べれる，見れる

こう見てくると，五段動詞で起きたことが一段動詞で起き始めたことがわかる．そしてそれが将来全体に波及すると予想できる．

これで困ることといえば，他動詞に対する自動詞の関係などに重なって同音異義語を生じるという問題点である．この問題点は五段動詞ですでに起きていることであった(たとえば(帯が)「解ける」という自動詞)．一段動詞においては，この問題は小さいだろう．

◉―― 変化は段階的に起きる

言語のなかでの変化は，いっぺんに起きず段階的に起きることが多い．動詞の可能形についても段階的に起きているところなのだろう．

別のことでいえば，サ行は今日では sa, shi, su, se, so であるが，中世では「セ」が「she」だった．

今日，若い人，とくに女性を中心に，「シ」を「shi」でなく「si」と発音する人が多くなっている．「ジ」も「zi」に近い．シャも sya である．ヘボン式ローマ字よりも訓令式に一致してきた．sh から s へ変化してきていて，現代はその最終段階なのかもしれない．

逆に過去を想像すると sha, shi, shu, she, sho であったかもしれない．あるいはアイヌ語(サケとシャケ!)のように sh と s を区別していなかったのかもしれない．

変化が段階的に起きるもっともよい例は日本語の母音の数だ．今日の母音の数は 5 個であるが，『古事記』や『日本書紀』の仮名遣いの研究によって，かつては 8 個だったと考えられている．i, u, e がそれぞれ 2 種あった．しかしそのころはカ行では 8 種全部そろっていた一方で，サ行では二つのシと二つのセが合体して 6 種に，ハ行では二つのホが合体して 7 種になっていた．ア行ではすべて合体して今と同じ 5 種になっていた．100 年以上の時間をかけて 8 種から 5 種になった．

ら抜きことばも段階的に少しずつ使われ方が増えてきている．五段動詞と一段動詞のずれだけではない．語ごとに違うし，口語では多いが書きことばではほとんど使われないというように，場合によって使われ方が異なる．この趨勢からみると100年後を考えると，完全に表23.3のようになっているだろう．

◉── 活用と膠着語

以前，日本語が膠着語であることを述べた．膠着語とは，中心となる語に接辞などのさまざまな要素を接着することによりかたまりを作り，文中でのその役割を定めていく言語の類型のことであった．

そのかたまりを日本語では文節という．動詞による文節では，先頭が動詞でそのあとに助動詞がいくつでも続く(その後に接続助詞が付くこともできる)．その BNF は次のようになる．

〈動詞文節〉::=〈動詞〉|〈動詞文節〉〈助動詞〉

つまり，

動詞・助動詞・助動詞・…・助動詞

という並びであるということだ．しかし日本語には活用形というものがあり，接着部分でそれがマッチしなくてはいけない．その仕組みを BNF の引数で書くと次のようになる．

〈動詞文節(活用 X)〉
::=〈動詞(活用 X)〉|〈動詞文節(活用 Y)〉〈助動詞(活用 Y，活用 X)〉

この意味は，末尾が活用形 X の文節は，

1. 動詞単独で活用形が X であるか，
2. 末尾が活用形 Y の文節の後ろに，活用形 Y を受け付ける助動詞で活用形が X のもの

という意味だ．

たとえば「食べさせられました」は

食べ(未然形)，させ(未然形，未然形)，
られ(未然形，連用形)，
まし(連用形，音便連用形)，

た(音便連用形，終止形)

という要素に分解される．それぞれの活用形がつながるところで一致していなければいけない．「させ」と「られ」の前では，活用の型も決まっていて直前が一段活用である必要がある．

◉—— 活用なしの文法

活用は語形変化であり，覚えるのは大変である．文法を構成する上でも，なければより体系的になる．次のようにすると未然・連用・終止・…という活用形も，五段・一段という動詞の活用型もない形で動詞と助動詞等のつながりの文法を表現できるのである．

まず，動詞の語幹をほんとうに変化しない部分だけにする．そうすると五段動詞は子音で終わる語幹になる．たとえば，

書く(kak)，飲む(nom)，指す(sas)，取る(tor)

などだ．一段動詞は「る」を取り除き，語幹を

見る(mi)，食べる(tabe)，数える(kazoe)，煮る(ni)

とする．これらは母音で終わる語幹になる．

◉── 母音や子音を補う規則

助動詞や接続助詞では，必要に応じ個別に母音や子音が補われる規則とする．

一般にどの言語でもなるべく母音と子音は交互にあるのが発音しやすく，自然である．特に日本語の場合はその条件が厳格であり，子音が連続することも母音が連続することもかつてはなかった．

動詞と助動詞などが接するところで次のようにする．

- 直前の語と直後の語とで，母音が連続してしまうときには子音を補う．
- 直前の語と直後の語とで，子音が連続してしまうときには母音を補う．

表23.4にもあったように，補う音を【 】で示す．

【 】の部分が最初存在していて，そのあと取り除くという逆の立場から述べることもできる．そうすると次のようにも言える．直前の語と直後の語とで，母音が連続してしまうときには，直後の語の先頭の母音を取り除く．直前の語と直後の語とで，子音が連続してしまうときには，直後の語の先頭の子音を取り除く．

◉── 付属語の表現

実際の助動詞や接続助詞などの付属語をこの形で表現したものを表23.5と表23.6（次ページ）に示す．

子音が補われる動詞は母音語幹，つまり一段動詞である．逆に母音が補われる動詞は子音語幹つまり五段動詞である．

たとえば受身・尊敬では母音語幹ではrareが，子音語幹ではareが付く．面白いことに終止・連体の活用形も，それを生成する接辞として表せる．子音語幹ではuを付け，母音語幹ではruを付ける．勧誘・推量の助動詞は【y】ouで表せる．

子音語幹では否定のときanaiを付けるが母音語幹ではnaiだけである．

前述の「食べさせられました」は

tabe・【s】ase・【r】are・【i】mas・【i】ta

であるが，【s】は母音の間なので補われる．【r】もそうである．つぎの【i】は

表 23.5　子音を補う形式の付属語

意味	形	補われる例 (tabe-)	補わない例 (nom-)
受身・尊敬 (本来の可能)	【r】are	食べられ	飲まれ
可能 (ら抜きを含む)	【r】e	食べれ	飲め
使役	【s】ase	食べさせ	飲ませ
使役(話しことば)	【s】as	食べさs	飲まs
終止・連体接辞	【r】u	食べる	飲む
勧誘・推量	【y】ou	食べよう	飲もう
「ば」の仮定	【r】eba	食べれば	飲めば

表 23.6　母音を補う形式の付属語

意味	形	補われる例 (nom-)	補わない例 (tabe-)
否定	【a】nai	飲まない	食べない
願望	【i】tai	飲みたい	食べたい
丁寧	【i】mas	飲みまs	食べまs
連用・名詞化	【i】	飲み	食べ
「て」の連用	【i】te	(音便形)	食べて
過去・完了	【i】ta	(音便形)	食べた

不要である．最後の【i】は子音の間なので補われる(音便形の候補だがそうならない)．「飲ませられれば飲む」は

nom・【s】ase・【r】are・【r】eba・nom・【r】u

であり，最初と二番目の【r】だけが補われる．

◉── 音便形

日本語では「音便」という現象がある．表 23.6 の子音+it の形に対して，変形が起きる．t のところは接続助詞の「て」や助動詞の「た」だ．それに，

ている，ておく，ていく，てしまう，ておる，てある

などの「て」が付いた補助動詞もある．話しことばや方言では縮まった「てる」「とく」「てく」「ちゃう」「とる」「たる」もある．これが表 23.7 (次ページ)のようになる．

表23.7　音便の音変化

もとの形	音便形	例
kit	it	書いた
sit	無変化	指した
tit, rit, wit	tt	立った，有った，会った
nit, mit, bit	nd	死んだ，噛んだ，飛んだ
git	id	注いだ

鼻音や濁音だと nd に，カ行だと it, id になる．そのほかは tt になる．「行く」に対する「行った」は上の規則の例外である．規則的ならば「行《い》いた」になるはずである．関東の方言で「歩く」に対する「歩った」というのもある．漢字音の導入につれて撥音(「ん」のこと)，促音(「ッ」のこと)，などが生じた．それにつれて音便もできたといわれている．

◉—— 不規則活用など

動詞にカ変の「来る」やサ変の「する」がある．こうした不規則動詞は語幹が変わることで表せる．

命令形では子音語幹に対する形と母音語幹に対する形が違う．たとえばそれぞれ「飲め」は e だし「食べろ」は ro である．面白いことに北海道方言だと「食べれ」という形になるので，命令形は【r】e という形で規則的に表せる．

◉—— 世界の膠着語

世界の膠着語の言語は上で述べた母音や子音を補う方式をとっているものがいくつか見られる．

第21話でのべた韓国語の「は」のヌンとウンは【n】eun と書け，名詞が母音語幹なら n が入る．「を」も同様に【r】eur と書け，母音語幹なら r が入る．日本語の「られる」(【r】are)では r が，「させる」(【s】ase)では s が重なっている．これらの韓国語では n や r が重なっている．不思議と似たことが起きている．

「に」はウロとロで【eu】ro と書け，子音語幹なら eu が入る．韓国語では助詞のつながりに同様の現象が起きている．動詞にもそれがあり「です」は【i】pnida と書ける．「が」は ga と i で子音語幹と母音語幹とで異なるが，日本語の動詞の命令形と同じようである．

このように膠着語であって，日本語と語順が酷似している言語がアジアに広がっている．東からいうと，韓国語・ツングース語・モンゴル語・トルコ語であり，南インドのことばもそうである．言語の系統が非常に古い時代につながっているかもしれないのである．

索 引

数字・記号・アルファベット

さ 行

た 行

な　行

は 行

ま 行

や 行

ら 行

わ　行

ん　行

小谷善行（こたに・よしゆき）

略歴

1949年神戸生まれ，川崎育ち．

東京農工大学名誉教授．テンソル・コンサルティング株式会社技術顧問．

パズル懇話会会長．コンピュータ将棋協会副会長．情報処理学会フェロー．

工学博士．

著書に，

『ゲーム計算メカニズム』（編著，コロナ社），

『コンピュータ将棋の頭脳』（SGCライブラリ59，サイエンス社）

ほか多数．

ことばの数《すぅ》理《り》千《せん》一《いち》夜《や》

──ことばの仕《し》組《く》みとパズルと数学《すうがく》と

2021年12月20日　第1版第1刷発行

著　者──────小谷善行

発行所──────株式会社 日本評論社

〒170-8474 東京都豊島区南大塚3-12-4

電　話──────(03)3987-8621［販売］

(03)3987-8599［編集］

印刷所──────株式会社 精興社

製本所──────井上製本所

装　釘──────銀山宏子（スタジオ・シープ）

挿　絵──────ペール

copyright © 2021 Kotani Yoshiyuki. Printed in Japan

ISBN 978-4-535-78949-4

JCOPY 〈(社) 出版者著作権管理機構委託出版物〉

本書の無断複写は著作権法上での例外を除き禁じられています．

複写される場合は，そのつど事前に，(社)出版者著作権管理機構（電話：03-5244-5088，fax：03-5244-5089，e-mail：info@jcopy.or.jp）の許諾を得てください．また，本書を代行業者等の第三者に依頼してスキャニング等の行為によりデジタル化することは，個人の家庭内の利用であっても，一切認められておりません．

動きを理解する コンピュータ

時空間表現の計算言語学

インダージート・マニ
ジェームズ・プステヨフスキー【著】
小谷善行・藤本浩司【監訳】

人や物の空間内での「動き」をコンピュータに解釈させるというテキストマイニングの新技術を目指し、動きの表現法を分析する。　◆定価 4,950 円(税込)

知力を鍛える 究極パズル

ディック・ヘス【著】　**小谷善行**【訳】

他書では見かけないオリジナルの難問奇問で、あなたに挑みます。あなたの知力をフル稼働させる、究極の数理パズル123題。　◆定価 1,980 円(税込)

AIにできること、できないこと

ビジネス社会を生きていくための4つの力

藤本浩司＋柴原一友【著】

現在のAI技術では何ができて何ができないのか、その実態を技術者がやさしく語る。実際にAIをビジネスで活用している事例も紹介。　◆定価 2,200 円(税込)

日本評論社
https://www.nippyo.co.jp/